北京理工大学"双一流"建设精品出版工程

Nonlinear Systems and Intelligent Control

非线性系统与智能控制

黄杰 刘莹◎编

北京理工大学出版社
BEIJING INSTITUTE OF TECHNOLOGY PRESS

内 容 简 介

本书主要介绍如何应用智能控制技术来实现非线性机械系统的振动控制。全书共分为 6 章，前 3 章介绍理论知识，后 3 章介绍案例应用。第 1 章对非线性振动与非线性振动的控制进行简单介绍；第 2 章介绍非线性动力学的相关内容；第 3 章介绍非线性控制与智能控制的相关内容；第 4 章介绍柔性机械臂控制应用，使柔性机械臂在高速运动情况下保持振动最小；第 5 章介绍液体晃动控制应用，使液体在高速运载情况下保持自由液面运动最小；第 6 章介绍起重机控制应用，使起重机绳索在运载过程中保持负载摆动最小，以满足绳索吊挂高速运载需要。

图书在版编目（CIP）数据

非线性系统与智能控制 / 黄杰，刘莹编. -- 北京：
北京理工大学出版社，2020.11（2024.6 重印）
　　ISBN 978 - 7 - 5682 - 9272 - 6

　　Ⅰ. ①非… Ⅱ. ①黄… ②刘… Ⅲ. ①非线性系统（自动化）- 智能控制 - 研究生 - 教材 Ⅳ. ①TP271

中国版本图书馆 CIP 数据核字（2020）第 232434 号

责任编辑：曾　仙　　　**文案编辑：**曾　仙
责任校对：周瑞红　　　**责任印制：**李志强

出版发行 / 北京理工大学出版社有限责任公司
社　　址 / 北京市丰台区四合庄路 6 号
邮　　编 / 100070
电　　话 /（010）68944439（学术售后服务热线）
网　　址 / http://www.bitpress.com.cn

版 印 次 / 2024 年 6 月第 1 版第 2 次印刷
印　　刷 / 廊坊市印艺阁数字科技有限公司
开　　本 / 787 mm×1092 mm　1/16
印　　张 / 9.75
彩　　插 / 7
字　　数 / 187 千字
定　　价 / 58.00 元

黄杰老师将《非线性系统与智能控制》一书的初稿送我这里进行审核，并希望我为该书写序。多年来，黄杰老师一直从事机械中非线性系统理论和智能控制的研究和教育工作，刘莹老师一直从事脑科学研究。因此，他们编写这本书是水到渠成之事。

本书主要涉及智能控制。严格来说，智能控制应该叫作智慧控制，因为智能是智慧能力之意。因此，我想利用这一机会和青年学生聊一下什么是"智慧"。理解什么是智慧，对了解我们自己以及学习智能控制直到学习（或开发）人工智能都是十分有益的，这也是黄杰老师希望我写序的本意。

在现实生活中，人们对"智慧"的理解都停留在各自的自我感觉上，所以"智慧"这个词的概念是很模糊的。那么，所谓的智能控制（或人工智能中的智慧）是人们说的哪种智慧的表现呢？很少有人提出这个问题，但肯定不少人对此产生疑惑。这确实是很重大的问题，它涉及智能控制的发展和人工智能的构成。脑科学的核心就是研究人脑中出现的智慧到底是什么，其研究成果将直接影响人类今后各方面的发展。

人脑是由相当于银河系中所有星球数量级的神经细胞组成的，并固定在有限的脑空间中。神经细胞间的复杂活动引发人的各种行为，其目的就是在地球这个环境中生存下去。这一点，地球上的所有动物都是一样的。如果说人的神经细胞的活动就是一种产生智慧的活动，那么动物也一样吗？虽然现代脑成像技术能观察到脑中细胞群的活动，但无法知道这意味着什么，更无法知道动物是否和人一样在想问题。不少人对此凭空推想，长期以来，这些非科学的想象阻碍了脑科学的研究和发展。

其实，人或动物的脑神经细胞活动所产生的行为是看得见的，也是可分析的。因此，我们完全可以从人或动物的行为特性来推定脑特定部位的结构和特性，有目的地开展定向研究，慢慢揭开脑活动的真相。这一点与理工科研究机器特性时采用的由表及里的方法是一样的。

　　下面看几个具体的案例。如果在树上用绳子吊一个一定质量的钢球,推它一下,钢球就开始摆动起来,这实际上就是本书中研究的非线性单摆。如果一条鳄鱼看见它,由于对鳄鱼而言凡是运动的都是可吃的,于是鳄鱼会向钢球单摆发起进攻。当它发现钢球不能吃时,就会离开。下次鳄鱼看见钢球单摆时,还会重复发生刚才的行为。如果一只小狗经过该单摆,好奇心会引发它的兴趣,小狗冲向单摆开始玩耍。当小狗被单摆重重一击后,它就会离开单摆。下次它若遇到这种钢球单摆,看一眼就离开了。如果一个大人带着小孩经过摆动着的钢球,那么即使他第一次看见这种东西,他也会阻止小孩靠近它,因为他知道这很危险,他甚至会将单摆解下而避免其伤害到别人。

　　对同一个单摆,看见它的鳄鱼、小狗和人做出的行为反应如此不同,这说明各自控制行为的脑是不同的。鳄鱼的行为反应是一种本能反应。所谓本能,就是"凡是运动的都是可吃的"这一判断信息和随后发生的攻击、回避等动作信息是在鳄鱼出生时就被"刻"进了称为脑干的脑区中,这里称它为预记忆信息。鳄鱼这种爬行动物就靠脑干中不变的预记忆信息,不断重复同一行为,以维持个体生命和种群的延续。"凡是运动的都是可吃的"这一预记忆信息常使鳄鱼在遇到比它强大的动物时陷入危险。

　　小狗因为喜欢而奔向钢球,后因被击打而不喜欢就离开,它在发生靠近和离开钢球行为前,产生了喜怒哀乐的情绪。这在小狗出生时就被"刻"在其大脑边缘层的脑区中,所以情绪也是一种本能。人们曾将动物脑中预记忆的特定部位通过手术去掉,此时动物就不会再产生情绪了。和鳄鱼相比,情绪能使小狗避开危险的场景,在发生行为前有了预判的能力。再注意小狗行为中的另一个现象,以后小狗再遇到钢球单摆时,它看一眼就离开了。这表明在它的大脑边缘层中对发生过的这一情绪行为有一种记忆,该记忆完整地记录了钢球单摆、情绪的发生和接近、逃离的行为全过程。以后小狗只要看见钢球单摆这一情景,该记忆就被唤醒,所以称这种记忆为"情景记忆"。大脑边缘层中的所有情景记忆记录了小狗出生后的一切生活经验,是后天形成的。比起只有本能的鳄鱼,情景记忆使小狗不会重复危险行为。人们利用哺乳动物大脑边缘层情绪本能及情景记忆产生经验的特征,对一些有强大记忆能力的哺乳动物进行特定行为训练,让它们模仿指定的动作并作为经验而情景记忆。不管它们记忆的经验多复杂,这只是对应外部特定的情景指令。经验是练出来的,而不是动物自己想出来的。

　　再看人在看到钢球单摆后发生的行为和脑之间的关系。支配这一行为的脑区是大脑新皮层前端的一个叫额叶前区的脑区,称之为人脑。它是 1848 年美国佛蒙特州的一个地方发生了改变脑科学研究的历史性事件时发现的,是人类特有的最强大的脑。当人类幼儿出生时,这个脑区一片空白,随着幼儿发育成长,神经细胞构成复杂的网络，并记忆生活中学习到的各种信息。这些信息记忆的结构比起本能的预记忆和经验的情景记忆要复杂得多，最重要的特点是各记忆之间有相互搜索机能，这一搜索机能还可延伸到整个大脑新皮层，甚至新皮层以外的脑区。一个从未见过钢球单摆的人，通过额叶前区脑神经细胞对已有记忆的搜索活动，并不断对比、判断，得出新的信息：这个钢球单摆是危险物。这一新的信息不是行为结果的产物，而是在行为发生前这个脑区自己创造出来的，所以称它是人脑产生的"智慧"。同样，继续搜索还能得出"将其拆去"的行为指令，这也是这一脑区创造的智慧。人类智慧甚至能创造或改变自己的生存环境，这是鳄鱼和小狗的脑不可能产生的，因为在它们脑区中，记忆都是互相独立无联系的，不可能发生搜索活动，当然也不可能产生智慧。神经细胞通过搜索而产生的新的信息记忆在人脑中，这里称其为"搜索记忆"，其中记录了人脑自己创造的智慧。需特别注意的是，拥有这个脑区的人对自己脑区中因神经细胞搜索而发生的一系列活动有一种"我在想"的感觉，这就是所谓人的"意识"。意识仅仅是额叶前区中脑神经细胞进行搜索活动时人的一种自我感觉。更有意思的是，搜索记忆不仅存放在额叶前区，还存放在人体外的书本、计算机等一切人类生存的空间中，人脑搜索活动驱使人类活动在地球的整个生存空间，甚至向外太空扩张。

人脑中具有与行为相关的三个脑区：最里面是本能的脑干；中间是产生情绪和经验的大脑边缘层；最外层就是包含创造智慧的额叶前区的大脑新皮层。人类脑干中的预记忆就是"凡是突然出现在自己周围的运动信息都是危险的"，以此保护自己的生命。人类的三个脑区相互作用，使人类行为极为复杂。脑科学就要研究人脑中的预记忆、情景记忆和搜索记忆的具体结构和原理，特别地，人脑中自发产生的搜索活动研究是搞清楚意识和智慧的关键。每个具体人的智慧有能力高低的差异，一定和这个人的脑神经细胞天生的搜索能力及后天储存的搜索记忆的质和量相关。

有了上面脑科学的基础知识，各位就可以很有兴趣地读这本《非线性系统与智能控制》了。本书主要针对注定要发生振动的非线性机械系统，是通过人脑中搜索记忆复杂活动后创造出的一整套消除振动的智慧。将它作用在各种典型的非线性机械系统上，就会使本应产生的振动得到抑制，实现所谓的智能控制。

能做到上面所说的智能控制，主要得益于将计算机组装进了这些非线性机械系统，使机械有了自己的头脑。如果在机械的头脑中装进了上面所说的消除振动的人类智慧，使它成为机械的记忆，那么机械就能按其头脑的记忆来控制机械的行为，即控制机械的运动。在人们看来，这个机械像有了智慧，这就叫人工智能。在本书中，作者除介绍了最常用的几种非线性系统的控制理论外，还结合液体晃动、起重机械吊装和直升飞机吊装等具体实例，通过理论分析和实验论证来得出消除振动的理论和方法，这是本书作者在自己头脑中搜索记忆后产生的智慧。

　　本书的读者除了要学会作者搜索记忆产生消除非线性系统振动的智慧外，更要考虑如何把本书作者的智慧装进计算机，使之成为机械的记忆。按前面的介绍，机械的头脑可有三种记忆——产生本能的预记忆、通过情绪本能产生经验的情景记忆、产生智慧的搜索记忆，这实际上就是人工智能从低级向高级发展的三个阶段。人们在做这些工作时，主要研究三种记忆的数据结构和记忆的呼出方法，最难的是搜索记忆的数据结构的决定和自动搜索方法的建立。目前的人工智能大多还停留在预记忆阶段，虽然不少人在研究神经网络的各种搜索法，但安装进计算机后还是一种预记忆。要向着后两个阶段发展，还需依靠脑科学的发展和各位的不断努力和实践，希望各位读者在学习本书各章的智慧时经常考虑这些问题，这会使学习变得很有趣。

　　最后还要注意，鳄鱼、小狗和人对待同一外界情景发生的行为虽有很大区别，但有一个共同点——一切行为都是为了活着，或者说是为了得到维持生命的能源。又因为他们都是生命体，因此各自的脑活动都是自发产生的。但是，人类创造的人工智能机器是无生命体，它的所有活动只能依赖人类为它提供的能源来发生，更谈不上会发生所谓人工智能的进化。如果忘记了这个根本区别，就会引发人们对人工智能的误解和无谓恐慌。

吴平东

北京理工大学机电一体化中心教授

东京工业大学工学博士

2020 年 6 月 27 日

PREFACE 前言

　　机械结构轻量化和高速运载的需求，促使非线性动力学和非线性振动学科迅猛发展。在人类对脑科学的探索驱动下，人工智能学科蓬勃前进。智能控制是人工智能的一个重要学科方向，使用先进的非线性与智能控制方法，可以解决振动控制和机械运动控制问题。

　　本书是专为机械工程专业研究生和高年级本科生编写的教材，通过多种实例来介绍如何解决非线性机械动力学与非线性振动的控制问题，期望他们通过对本书的学习，能拓宽非线性机械动力学与机械振动的知识面，了解并掌握多种非线性与智能控制方法，从而为将来从事科学研究工作奠定理论基础。

　　本书共分为6章。第1章对非线性振动及其控制进行简单介绍。第2章介绍非线性动力学的相关内容，依次介绍两种典型非线性振子、非线性系统定量分析、相图、极限环、分叉、混沌和运动稳定性。第3章介绍非线性控制与智能控制的相关内容，依次介绍滑模控制、神经网络控制、模糊控制、前馈控制。第4~6章是对前面章节介绍的理论知识进行应用。第4章介绍柔性机械臂控制应用，使柔性机械臂在高速运动情况下保持振动最小；第5章介绍液体晃动控制应用，使液体在高速运载情况下保持自由液面运动最小；第6章介绍起重机控制应用，使起重机绳索在运载过程中保持负载摆动最小，以满足绳索吊挂高速运载需要。

　　本书由黄杰、刘莹编写，其中第3章由刘莹编写，其他章节由黄杰编写。全书由吴平东教授审阅。

　　本书的出版得到了北京理工大学"特立"教材出版基金的资助。

黄杰

2020 年 5 月 28 日

于北京理工大学求是楼

目　录
CONTENTS

第1章

绪　　论

1.1　非线性振动

结构轻量化设计使很多现代机械系统具有柔性结构。在柔性结构作用下，运动过程伴随着持续振动。这种持续振动通常具有的技术特征有：较低的频率；较小的阻尼；较大的振幅。当运动在平衡点附近时，动力学行为呈现弱非线性的特征；当运动远离平衡点时，动力学行为就会表现出强非线性的特征。振动频率不仅受机械结构的影响，还受振幅、初始状态，甚至外输入的影响。非线性振动还可能表现出更加复杂的极限环、分叉和混沌等动力学行为。这种振动对机械系统的操作性能、安全性和工作效率都有很大影响。因此，柔性结构引起的强非线性振动迫使机械系统只能在低速下工作。

航天器在空间环境中越来越多地使用各种轻型柔性外伸机构，如天线、太阳能帆板、热辐射器、柔性机械臂等。这些柔性外伸机构可以看成一种多自由度的开链机构，具有质量轻、阻尼小的特点。在这些机构的运动过程或航天器姿态调整过程中，会激励柔性结构的振动模态。这些模态具有频率低和阻尼小的技术特点，一旦受到激励，将产生大幅度、长时间的振动。这种振动会影响航天器自身及精密仪器的正常工作，甚至导致航天器失稳。因此，航天器柔性外伸机构的振动控制成为航天器设计的关键之一。

机器人在工业领域得到广泛应用，它能实现柔性制造、自动化装配、焊接加工等重要的生产项目。新型机器人以柔性结构为主，具有质量轻、惯性小的特点。机械臂在执行运动的过程中不可避免地会产生弹性变形，运动结束时会产生残余振动。残余振动不仅会降低机械臂的定位精度，还会影响机器人的可靠性、安全性和工作效率。

起重机广泛应用于制造业、运输业和建筑业，为人们的生产生活提供最基本的运载能力。起重机主要分为陆基起重机、空基起重机，一般使用钢丝绳吊挂被搬运的物体，通过提起和移动负载来完成运载任务。陆基起重机通常将小车和滑轨作为运载工具，空基起重机通常将垂直起降飞行器作为运载工具。由于负责承重和抬升的钢丝绳属于柔性结构，因此运载工具的移动必然会使吊挂的负载产生持续摆动。负载持续摆动会严重影响和制约运载系统的工作效率和操作性能，甚至导致运载危险。

以上三类机械系统都带有柔性结构，其特征是柔性结构会引起强非线性振动。强非线性振动的控制问题已在航天器、机器人和起重机等研究领域越来越引起人们的重视。如何快速、有效地抑制非线性振动，是一个值得深入研究的问题。

1.2 非线性振动的控制

根据是否需要外界能源，非线性振动的控制方法可以分为被动控制方法和主动控制方法。

1. 被动控制方法

被动控制方法是指在掌握非线性振动动力学行为的前提下，在材料和结构上对系统进行重新设计，选择耗能和储能材料，通过结构设计来改变机构的质量、刚度和阻尼，从而改变系统的固有频率和阻尼比，以达到控制振动的目的。被动控制方法不需要外界能源，在许多场合得到了应用。

2. 主动控制方法

主动控制方法可以分为两类：反馈控制方法、前馈控制方法。

1）反馈控制方法

反馈控制方法主要包括线性控制、非线性控制和智能控制。反馈控制通过对振动状态进行在线检测来实时调节执行器的运动轨迹，进而实现振动控制任务。因此，系统稳定性对系统模型误差和外扰动的鲁棒性非常关键。典型的线性控制方法是 PID 控制（proportional integral derivative control）。典型的非线性控制方法有滑模控制、自适应控制、鲁棒控制。典型的智能控制方法有模糊控制、人工神经网络控制。

2）前馈控制方法

前馈控制方法通过修改输入命令来产生最小振动效果的最优运动轨迹。Input Shaping 技术是一种典型的前馈控制方法。Input Shaping 技术是将输入命令与一系列脉冲函数进行离散卷积来构造整形后的命令，以驱动机器运动，从而达到抑制振动的目的。这种特定的脉冲函数称作 Input Shaper。目前比较常用的 Input Shaper 有 ZV Shaper、ZVD Shaper、EI Shaper 和 SI Shaper，被成功应用于桥式起重机、塔式起重机、悬臂起重机、码头起重机、三坐标测量机、飞行器、多种类型机器人、微型铣床、纳米驱动平台和线性步进电机的振动控制。虽然 Input Shaping 技术对机械系统模型的误差鲁棒性很好，但其不能抑制外扰动引起的振动。

第 2 章
非线性动力学

当动力学方程中的位移项是 2 次（或者更高幂次数）时，动力学方程对应的系统是非线性系统。非线性系统可能表现出复杂的动力学行为。非线性系统状态方程可表示为

$$\dot{x} = f(x, u, t) \tag{2.1}$$

式中，x——状态向量；

$\quad\quad u$——输入向量；

$\quad\quad t$——时间。

非线性系统状态方程（式（2.1））对应的输入方程为

$$y = h(x, u, t) \tag{2.2}$$

式（2.1）和式（2.2）的平衡点可通过下式求解，即

$$f(x, u, t) = 0 \tag{2.3}$$

2.1　非线性单摆和质量弹簧振子

2.1.1　非线性单摆

图 2.1 所示为一个带有集中质量负载的单摆模型，摆动角是 θ，绳长是 l。由牛顿第二定律可以得到动力学模型：

$$l\ddot{\theta} + g\sin\theta = 0 \tag{2.4}$$

将式（2.4）转化为式（2.1）和式（2.2）的形式，然后由式（2.3）求解出平衡点：零摆动角位移、零摆动角速度。

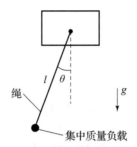

图 2.1　带有集中质量负载的单摆模型

式（2.4）所示的动力学模型的振动频率可以用进行泰勒展开后的频率估计方程求得，即

$$\omega^2 = \frac{g}{l} \cdot \frac{\sin\theta}{\theta} = \frac{g}{l} \cdot \left(1 - \frac{\theta^2}{6} + \frac{\theta^4}{120}\cdots\right) \tag{2.5}$$

式（2.5）表明，单摆非线性频率除了受系统结构的影响外，还受振幅的影响。单摆非线性频率随着绳长的增大而减小，即随着振幅的增大而减小。在平衡点处，摆动振幅为零，单摆非线性频率等于线性频率 $\sqrt{g/l}$，随着振幅增大，单摆非线性频率逐渐减小。这种系统刚度随着变形增大而逐步减小的系统，称为软弹簧系统。

2.1.2　非线性质量弹簧振子

图 2.2 所示为一个非线性质量弹簧振子的模型，质量块的变形量是 x、质量是 m。弹簧恢复力 F_{spring} 和变形量 x 之间关系为

$$F_{\text{spring}} = k_1 x + k_3 x^3 \tag{2.6}$$

由牛顿第二定律可以得到动力学模型：

$$m\ddot{x} + k_1 x + k_3 x^3 = 0 \tag{2.7}$$

图 2.2　非线性质量弹簧振子的模型

将式（2.7）转化为式（2.1）和式（2.2）的形式，然后由式（2.3）求解出平衡点：零变形位移、零变形速度。

式（2.7）的振动频率可以用下面的频率估计方程求得：

$$\omega^2 = \frac{k_1}{m} + \frac{k_3 x^2}{m} \tag{2.8}$$

式（2.8）表明，质量弹簧振子频率除了受系统结构的影响外，还受变形量的影

响。质量弹簧振子频率随着线性刚度系数 k_1 的增大而增大，随着质量 m 的增大而减小，随着变形量的增大而增大；当 k_3 为正数时，呈现刚度渐硬的特性。在平衡点处，变形量为零，质量弹簧振子频率等于线性频率 $\sqrt{k_1/m}$。随着质量块远离平衡位置，变形量逐渐增大，质量弹簧振子非线性频率逐渐增大。这种系统刚度随着变形增大而逐步增大的系统，称为硬弹簧系统。

2.2　非线性系统的定量分析

线性方程有精确的解析解，但是非线性方程未必有精确的解析解。非线性方程可以通过计算机求解出数值解，数值解可被认为是精确解。本节介绍两种方法来求解非线性方程的近似解析解。

2.2.1　摄动法

考虑零输入单自由度非线性二阶系统：

$$\begin{cases} \ddot{x} + \omega_0^2 x = \varepsilon p(x, \dot{x}) \\ x(0) = A \\ \dot{x}(0) = 0 \end{cases} \tag{2.9}$$

式中，ε——小系数，$|\varepsilon| \ll 1$；

　　　p——光滑函数；

　　　A——常数。

将式（2.9）的解 x 和非线性频率 ω 都假设为小系数 ε 的幂级数形式，有

$$\begin{cases} x = x_0 + \varepsilon x_1 + \varepsilon^2 x_2 + \cdots + \varepsilon^k x_k + \cdots \\ \omega^2 = \omega_0^2 + \varepsilon b_1 + \varepsilon^2 b_2 + \cdots + \varepsilon^k b_k + \cdots \end{cases} \tag{2.10}$$

将式（2.10）代入式（2.9），可得

$$\begin{cases} (\ddot{x}_0 + \varepsilon \ddot{x}_1 + \varepsilon^2 \ddot{x}_2 + \cdots) + (\omega^2 - \varepsilon b_1 - \varepsilon^2 b_2 + \cdots) \cdot (x_0 + \varepsilon x_1 + \varepsilon^2 x_2 + \cdots) = \varepsilon p(x_0 + \\ \qquad \varepsilon x_1 + \varepsilon^2 x_2 + \cdots, \dot{x}_0 + \varepsilon \dot{x}_1 + \varepsilon^2 \dot{x}_2 + \cdots) \\ x_0(0) + \varepsilon x_1(0) + \varepsilon^2 x_2(0) + \cdots = A \\ \dot{x}_0(0) + \varepsilon \dot{x}_1(0) + \varepsilon^2 \dot{x}_2(0) + \cdots = 0 \end{cases}$$

$$\tag{2.11}$$

比较等式两端 ε 的同次幂系数，得到一系列线性常微分方程：

$$\varepsilon^0 : \begin{cases} \ddot{x}_0 + \omega^2 x_0 = 0 \\ x_0(0) = A \\ \dot{x}_0(0) = 0 \end{cases} \tag{2.12}$$

$$\varepsilon^1 : \begin{cases} \ddot{x}_1 + \omega^2 x_1 = p(x_0, \dot{x}_0) + b_1 x_0 \\ x_1(0) = 0 \\ \dot{x}_1(0) = 0 \end{cases} \tag{2.13}$$

$$\varepsilon^2 : \begin{cases} \ddot{x}_2 + \omega^2 x_2 = p_1(x_0, \dot{x}_0) x_1 + p_2(x_0, \dot{x}_0) \dot{x}_1 + b_2 x_0 + b_1 x_1 \\ x_2(0) = 0 \\ \dot{x}_2(0) = 0 \end{cases} \tag{2.14}$$

还可以依次写出高阶小系数对应的微分方程。

式（2.9）~式（2.14）给出的方法称为 Lindstedt – Poincaré 摄动法。

例 2.1 自由单摆近似解问题。

对自由单摆动力学方程进行泰勒展开后忽略二阶高阶项，得

$$\ddot{\theta} + \frac{g\theta}{l} - \frac{g\theta^3}{6l} = 0$$

请使用 Lindstedt – Poincaré 摄动法求非零初速单摆系统的一次近似解。

解：动力学方程为

$$\begin{cases} \ddot{\theta} + \omega_0^2 \theta + \varepsilon\mu\theta^3 = 0 \\ \theta(0) = 0 \\ \dot{\theta}(0) = V \end{cases} \tag{2.15}$$

式中，$\omega_0 = \sqrt{\dfrac{g}{l}}$；$\varepsilon = -\dfrac{1}{6}$；$\mu = \dfrac{g}{l}$。

假设解为一次幂级数形式，即

$$\begin{cases} \theta = \theta_0 + \varepsilon\theta_1 \\ \omega^2 = \omega_0^2 + \varepsilon b_1 \end{cases} \tag{2.16}$$

将假设解（式（2.16））代入动力学方程（式（2.15）），有

$$\begin{cases} (\ddot{\theta}_0 + \varepsilon\ddot{\theta}_1) + (\omega^2 - \varepsilon b_1) \cdot (\theta_0 + \varepsilon\theta_1) + \varepsilon\mu \cdot (\theta_0 + \varepsilon\theta_1)^3 = 0 \\ \theta_0(0) + \varepsilon\theta_1(0) = 0 \\ \dot{\theta}_0(0) + \varepsilon\dot{\theta}_1(0) = V \end{cases} \tag{2.17}$$

根据 ε 的任意性，式中 ε 同次幂的系数必然自行平衡，可知

$$\varepsilon^0 \ \text{解：} \begin{cases} \ddot{\theta}_0 + \omega^2 \theta_0 = 0 \\ \theta_0(0) = 0 \\ \dot{\theta}_0(0) = V \end{cases} \tag{2.18}$$

求解式（2.18），可得

$$\theta_0 = \frac{V}{\omega} \cdot \sin(\omega t) \tag{2.19}$$

$$\varepsilon^1 \ \text{解：} \begin{cases} \ddot{\theta}_1 + \omega^2 \theta_1 = b_1 \theta_0 - \mu \theta_0^3 \\ \theta_1(0) = 0 \\ \dot{\theta}_1(0) = 0 \end{cases} \tag{2.20}$$

将式（2.19）代入式（2.20），可得

$$\begin{cases} \ddot{\theta}_1 + \omega^2 \theta_1 = \left(\dfrac{V}{\omega} b_1 - \dfrac{3\mu V^3}{4\omega^3} \right) \cdot \sin(\omega t) + \dfrac{\mu V^3}{4\omega^3} \sin(3\omega t) \\ \theta_1(0) = 0 \\ \dot{\theta}_1(0) = 0 \end{cases} \tag{2.21}$$

为了消除永年项，一倍频率对应的振幅必须为零，即

$$\frac{V}{\omega} b_1 - \frac{3\mu V^3}{4\omega^3} = 0 \tag{2.22}$$

求解式（2.22），可得

$$b_1 = \frac{3\mu V^2}{4\omega^2} \tag{2.23}$$

消除永年项后的式（2.21）为

$$\begin{cases} \ddot{\theta}_1 + \omega^2 \theta_1 = \dfrac{\mu V^3}{4\omega^3} \sin(3\omega t) \\ \theta_1(0) = 0 \\ \dot{\theta}_1(0) = 0 \end{cases} \tag{2.24}$$

式（2.24）的解为

$$\theta_1 = \frac{3\mu V^3}{8\omega^5} \cdot \sin(\omega t) - \frac{\mu V^3}{8\omega^5} \cdot \sin(3\omega t) \tag{2.25}$$

将式（2.19）、式（2.24）代入式（2.16），可得一次近似的最终解，为

$$\begin{cases} \theta = \dfrac{V}{\omega} \cdot \sin(\omega t) + \varepsilon\left(\dfrac{3\mu V^3}{8\omega^5} \cdot \sin(\omega t) - \dfrac{\mu V^3}{8\omega^5} \cdot \sin(3\omega t)\right) \\ \omega^2 = \omega_0^2 + \varepsilon\dfrac{3\mu V^2}{4\omega^2} \end{cases} \tag{2.26}$$

例 2.2 阻尼达芬振子。

$$\begin{cases} \ddot{x} + 2\zeta\omega_0\dot{x} + \omega_0^2 x + \varepsilon\mu x^3 = 0 \\ x(0) = A;\ \dot{x}(0) = 0 \end{cases} \tag{2.27}$$

使用摄动法求一次近似解。

解： 假设解为一次幂级数形式，即

$$\begin{cases} x = x_0 + \varepsilon x_1 \\ \omega = \omega_0 + \varepsilon b_1 \\ \zeta = \varepsilon\zeta_1 \end{cases} \tag{2.28}$$

将假设解（式（2.28））代入动力学方程（式（2.27）），有

$$\begin{cases} (\ddot{x}_0 + \varepsilon\ddot{x}_1) + 2\varepsilon\zeta_1 \cdot (\omega - \varepsilon b_1) \cdot (\dot{x}_0 + \varepsilon\dot{x}_1) + (\omega - \varepsilon b_1)^2 \cdot (x_0 + \varepsilon x_1) + \varepsilon\mu \cdot (x_0 + \varepsilon x_1)^3 = 0 \\ x_0(0) + \varepsilon x_1(0) = A;\ \dot{x}_0(0) + \varepsilon\dot{x}_1(0) = 0 \end{cases}$$

根据 ε 的任意性，式中 ε 同次幂的系数必然自行平衡，从而可知

$$\varepsilon^0 \text{ 解：} \begin{cases} \ddot{x}_0 + \omega^2 x_0 = 0 \\ x_0(0) = A;\ \dot{x}_0(0) = 0 \end{cases} \Rightarrow x_0 = A \cdot \cos(\omega t) \tag{2.29}$$

$$\varepsilon^1 \text{ 解：} \begin{cases} \ddot{x}_1 + 2\zeta_1\omega\dot{x}_0 + \omega^2 x_1 - 2b_1 x_0 + \mu x_0^3 = 0 \\ x_1(0) = 0;\ \dot{x}_1(0) = 0 \end{cases} \Rightarrow$$

$$\begin{cases} \ddot{x}_1 + \omega^2 x_1 = -2\zeta_1\omega^2 A \cdot \sin(\omega t) + \left(2b_1 A - \dfrac{3\mu A^3}{4}\right) \cdot \cos(\omega t) - \dfrac{\mu A^3}{4}\cos(3\omega t) \\ x_1(0) = 0;\ \dot{x}_1(0) = 0 \end{cases}$$

$$\tag{2.30}$$

对式（2.30）中第一式的右边项逐次求解，得

$$x_1 = -\zeta\omega t \cdot \cos(\omega t) + \dfrac{2b_1 A - \dfrac{3\mu A^3}{4}}{2\omega} \cdot t\sin(\omega t) - \dfrac{\mu A^3}{32\omega^2}\cos(3\omega t) \tag{2.31}$$

将式（2.31）右边的前两项整理为 $C \cdot t\sin(\omega t + \phi)$ 形式，系数 C 为永年项。只有永年项为零，才满足能量守恒。因此，$C = 0$，即可求解出频率修正项 b_1。然后，将式（2.31）整理为

$$x_1 = -\frac{\mu A^3}{32\omega^2}\cos(3\omega t) \tag{2.32}$$

将式（2.29）、式（2.32）代入式（2.28），可得阻尼达芬振子的一次近似解。

2.2.2 多尺度法

定义时间尺度：

$$T_k = \varepsilon^k t \tag{2.33}$$

定义偏导数算子表示导数算子：

$$\begin{cases} \dfrac{\mathrm{d}}{\mathrm{d}t} = \dfrac{\mathrm{d}T_0}{\mathrm{d}t}\cdot\dfrac{\partial}{\partial T_0} + \dfrac{\mathrm{d}T_1}{\mathrm{d}t}\cdot\dfrac{\partial}{\partial T_1} + \cdots = \dfrac{\partial}{\partial T_0} + \varepsilon\dfrac{\partial}{\partial T_1} + \cdots = D_0 + \varepsilon D_1 + \cdots \\[3mm] \dfrac{\mathrm{d}^2}{\mathrm{d}^2 t} = \dfrac{\mathrm{d}T_0}{\mathrm{d}t}\cdot\dfrac{\partial}{\partial T_0}\left(\dfrac{\mathrm{d}T_0}{\mathrm{d}t}\cdot\dfrac{\partial}{\partial T_1}\right) + \dfrac{\mathrm{d}T_1}{\mathrm{d}t}\cdot\dfrac{\partial}{\partial T_1}\left(\dfrac{\mathrm{d}T_0}{\mathrm{d}t}\cdot\dfrac{\partial}{\partial T_1}\right) + \cdots \\[3mm] \quad = \dfrac{\partial^2}{\partial T_0^2} + 2\varepsilon\dfrac{\partial^2}{\partial T_0\partial T_1} + \varepsilon^2\dfrac{\partial^2}{\partial T_1^2} + \cdots = D_0^2 + 2\varepsilon D_0 D_1 + \varepsilon^2 D_1^2 + \cdots \end{cases} \tag{2.34}$$

将式（2.9）的解 x 假设为时间尺度的形式：

$$x = x_0(T_0, T_1, \cdots) + \varepsilon x_1(T_0, T_1, \cdots) + \varepsilon^2 x_2(T_0, T_1, \cdots) + \cdots \tag{2.35}$$

将式（2.35）代入式（2.9），然后比较 ε 同次幂的系数，得到一系列线性偏微分方程：

$$\begin{cases} D_0^2 x_0 + \omega_0^2 x_0 = 0 \\ D_0^2 x_1 + \omega_0^2 x_1 = -2D_0 D_1 x_0 + p(x_0, D_0 x_0) \\ D_0^2 x_2 + \omega_0^2 x_2 = -(D_1^2 + 2D_0 D_2)x_0 - 2D_0 D_1 x_1 + p_1(x_0, D_0 x_0)x_1 + \\ \qquad\qquad p_2(x_0, D_0 x_0)(D_1 x_0 + D_0 x_1) \\ \cdots \end{cases} \tag{2.36}$$

式（2.36）也可以依次求解。

例 2.3 自由单摆动力学方程泰勒展开后忽略二阶高阶项，请使用多尺度法求单摆系统的近似解。

解： 动力学方程为

$$\begin{cases} \ddot{\theta} + \omega_0^2\theta + \varepsilon\omega_0^2\theta^3 = 0 \\ \theta(0) = M \\ \dot{\theta}(0) = 0 \end{cases} \tag{2.37}$$

式中，$\omega_0 = \sqrt{\dfrac{g}{l}}$；$\varepsilon = -\dfrac{1}{6}$。

假设一次近似解为

$$\theta = \theta_0(T_0,\ T_1) + \varepsilon\theta_1(T_0,\ T_1) \tag{2.38}$$

将式（2.38）代入式（2.37），得

$$\begin{cases} \left(\dfrac{\partial^2\theta_0}{\partial T_0^2} + 2\varepsilon\dfrac{\partial^2\theta_0}{\partial T_0\partial T_1} + \varepsilon^2\dfrac{\partial^2\theta_0}{\partial T_1^2}\right) + \varepsilon\left(\dfrac{\partial^2\theta_1}{\partial T_0^2} + 2\varepsilon\dfrac{\partial^2\theta_1}{\partial T_0\partial T_1} + \varepsilon^2\dfrac{\partial^2\theta_1}{\partial T_1^2}\right) + \\[2mm] \qquad \omega_0^2(\theta_0 + \varepsilon\theta_1) + \varepsilon\omega_0^2(\theta_0 + \varepsilon\theta_1)^3 = 0 \\[2mm] \theta_0(0) + \varepsilon\theta_1(0) = M \\[2mm] \dot\theta_0(0) + \varepsilon\dot\theta_1(0) = 0 \end{cases} \tag{2.39}$$

式（2.39）对应的 ε^0 解为

$$\dfrac{\partial^2\theta_0}{\partial T_0^2} + \omega_0^2\theta_0 = 0 \tag{2.40}$$

求解式（2.40），可得

$$\theta_0 = C(T_1)\cdot e^{j\omega_0 T_0} + \overline{C(T_1)}\cdot e^{-j\omega_0 T_0} \tag{2.41}$$

式（2.39）对应的 ε^1 解为

$$\dfrac{\partial^2\theta_1}{\partial T_0^2} + \omega_0^2\theta_1 + 2\dfrac{\partial^2\theta_0}{\partial T_0\partial T_1} + \omega_0^2\theta_0^3 = 0 \tag{2.42}$$

将式（2.41）代入式（2.42），可得

$$\begin{aligned} \dfrac{\partial^2\theta_1}{\partial T_0^2} + \omega_0^2\theta_1 = {} & \left(-2j\omega_0\cdot\dfrac{\partial C(T_1)}{\partial T_1} - 3\omega_0^2 C^2(T_1)\cdot\overline{C(T_1)}\right)\cdot e^{j\omega_0 T_0} + \\[2mm] & \left(2j\omega_0\cdot\dfrac{\partial\overline{C(T_1)}}{\partial T_1} - 3\omega_0^2\overline{C^2(T_1)}C(T_1)\right)\cdot e^{-j\omega_0 T_0} - \\[2mm] & \omega_0^2 C^3(T_1)\cdot e^{j3\omega_0 T_0} - \omega_0^2\overline{C^3(T_1)}\cdot e^{-3j\omega_0 T_0} \end{aligned} \tag{2.43}$$

式中，$C^2(T_1) = (C(T_1))^2$；$C^3(T_1) = (C(T_1))^3$。

为了消除永年项，T_0 对应的振幅必须为零，即

$$\begin{cases} -2j\omega_0\cdot\dfrac{\partial C(T_1)}{\partial T_1} - 3\omega_0^2 C^2(T_1)\cdot\overline{C(T_1)} = 0 \\[3mm] 2j\omega_0\cdot\dfrac{\partial\overline{C(T_1)}}{\partial T_1} - 3\omega_0^2\overline{C^2(T_1)}C(T_1) = 0 \end{cases} \tag{2.44}$$

将假设解 $C(T_1) = M\cdot e^{jA}$ 代入式（2.44），可得

$$\begin{cases} \dfrac{\mathrm{d}C}{\mathrm{d}t} = \dfrac{\partial C}{\partial T_0} + \varepsilon \dfrac{\partial C}{\partial T_1} = \varepsilon \dfrac{\partial C}{\partial T_1} = \varepsilon \cdot \dfrac{3\omega_0^2 C^2(T_1) \cdot \overline{C(T_1)}}{-2\mathrm{j}\omega_0} \\[4mm] \dfrac{\mathrm{d}\overline{C}}{\mathrm{d}t} = \dfrac{\partial \overline{C}}{\partial T_0} + \varepsilon \dfrac{\partial \overline{C}}{\partial T_1} = \varepsilon \dfrac{\partial \overline{C}}{\partial T_1} = \varepsilon \cdot \dfrac{3\omega_0^2 C^2(T_1) \cdot \overline{C(T_1)}}{2\mathrm{j}\omega_0} \end{cases} \tag{2.45}$$

可得假设解为

$$\begin{cases} C = 0.5M \cdot \mathrm{e}^{\mathrm{j}(\frac{3}{8}\varepsilon\omega_0 M^2 + B)} \\[3mm] \overline{C} = 0.5M \cdot \mathrm{e}^{-\mathrm{j}(\frac{3}{8}\varepsilon\omega_0 M^2 + B)} \end{cases} \tag{2.46}$$

式中，常系数 B 由初始条件决定。

去掉永年项后，式（2.43）变为

$$\frac{\partial^2 \theta_1}{\partial T_0^2} + \omega_0^2 \theta_1 = -\omega_0^2 C^3(T_1) \cdot \mathrm{e}^{\mathrm{j}3\omega_0 T_0} - \omega_0^2 \overline{C^3(T_1)} \cdot \mathrm{e}^{-3\mathrm{j}\omega_0 T_0} \tag{2.47}$$

式（2.47）对应的解为

$$\theta_1 = \frac{\omega_0^2 C^3}{8} \cdot \mathrm{e}^{\mathrm{j}3\omega_0 T_0} + \frac{\omega_0^2 \overline{C}^3}{8} \cdot \mathrm{e}^{-\mathrm{j}3\omega_0 T_0} \tag{2.48}$$

将式（2.41）、式（2.47）代入式（2.38），可得一次近似最终解，为

$$\theta = C(T_1) \cdot \mathrm{e}^{\mathrm{j}\omega_0 T_0} + \overline{C(T_1)} \cdot \mathrm{e}^{-\mathrm{j}\omega_0 T_0} + \varepsilon \left(\frac{\omega_0^2 C^3}{8} \cdot \mathrm{e}^{\mathrm{j}3\omega_0 T_0} + \frac{\omega_0^2 \overline{C}^3}{8} \cdot \mathrm{e}^{-\mathrm{j}3\omega_0 T_0} \right) \tag{2.49}$$

再将式（2.46）代入式（2.49），得

$$\theta = M\cos\left(\omega_0 t + \frac{3}{8}\varepsilon\omega_0 M^2 t + B\right) + \frac{\varepsilon\omega_0^2 M^3}{32}\cos\left(3\omega_0 t + \frac{9}{8}\varepsilon\omega_0 M^2 t + B\right) \tag{2.50}$$

对应的非线性频率为

$$\omega = \omega_0 + \frac{3}{8}\varepsilon\omega_0 M^2 \tag{2.51}$$

2.2.3　受迫系统

1. 近似解

外激励驱动下单自由度非线性二阶系统为

$$\ddot{x} + \omega_0^2 x + \varepsilon\omega_0^2 x^3 = F \cdot \sin(\omega t) \tag{2.52}$$

假设输入振幅和非线性频率为

$$\begin{cases} F = \varepsilon f \\ \omega = \omega_0 + \varepsilon\sigma \end{cases} \tag{2.53}$$

将式（2.47）代入式（2.46），可得

$$\ddot{x} + \omega_0^2 x = -\varepsilon \omega_0^2 x^3 + \varepsilon f \cdot \sin((\omega_0 + \varepsilon\sigma)t) \tag{2.54}$$

假设两个时间尺度的近似解为

$$x = x_0(T_0, T_1) + \varepsilon x_1(T_0, T_1) \tag{2.55}$$

将式（2.55）代入式（2.52）并利用式（2.34），计算并比较 ε 同次幂，得到一组线性偏微分方程，为

$$\begin{cases} D_0^2 x_0 + \omega_0^2 x_0 = 0 \\ D_0^2 x_1 + \omega_0^2 x_1 = -2D_0 D_1 x_0 - \omega_0^2 x_0^3 + f\cos(\omega_0 T_0 + \sigma T_1) \end{cases} \tag{2.56}$$

式（2.56）第一个方程的解为

$$x_0 = C(T_1)e^{j\omega_0 T_0} + \overline{C(T_1)}e^{-j\omega_0 T_0} \tag{2.57}$$

将式（2.57）代入式（2.56）的第二个方程，可得

$$D_0^2 x_1 + \omega_0^2 x_1 = \left(-2j\omega_0 D_1 C - 3\omega_0^2 C^2 \overline{C} + \frac{f}{2}e^{j\sigma T_1}\right)e^{j\omega_0 T_0} - \omega_0^2 C^3 e^{j3\omega_0 T_0} + cc \tag{2.58}$$

式中，cc——前面各项的共轭。

利用消除永年项条件，可得

$$-2j\omega_0 \frac{\partial C}{\partial T_1} - 3\omega_0^2 C^2 \overline{C} + \frac{f}{2}e^{j\sigma T_1} = 0 \tag{2.59}$$

假设：

$$C = \frac{a(T_1)}{2}e^{j\beta(T_1)} \tag{2.60}$$

将式（2.60）代入式（2.59），分离实部、虚部，可得

$$\begin{cases} \dfrac{\partial a}{\partial T_1} = \dfrac{f}{2\omega_0}\sin(\sigma T_1 - \beta) \\ \dfrac{\partial \beta}{\partial T_1} = \dfrac{3}{8}\omega_0 a^2 - \dfrac{f}{2\omega_0 a}\cos(\sigma T_1 - \beta) \end{cases} \tag{2.61}$$

利用式（2.61），即可求解出 $a(T_1)$ 和 $\beta(T_1)$。

去掉永年项后，式（2.58）变为

$$D_0^2 x_1 + \omega_0^2 x_1 = -\omega_0^2 C^3 e^{j3\omega_0 T_0} + cc \tag{2.62}$$

式（2.62）对应的解为

$$x_1 = \frac{\omega_0^2 C^3}{8}e^{j3\omega_0 T_0} + cc \tag{2.63}$$

将式（2.63）、式（2.57）代入式（2.55），再代入式（2.60），可得式（2.52）的一次近似解，为

$$x = \frac{a(T_1)}{2} \cdot e^{j(\omega_0 T_0 + \beta(T_1))} + \frac{\varepsilon \omega_0^2 a^3(T_1)}{16} e^{j(3\omega_0 T_0 + 3\beta(T_1))} + cc \quad (2.64)$$

式中，$a^3(T_1) = (a(T_1))^3$；$a(T_1)$ 和 $\beta(T_1)$ 由式（2.61）确定。

2. 定常解的幅频响应

定义：$\varphi = \sigma T_1 - \beta$。式（2.61）变为

$$\begin{cases} \dfrac{\partial a}{\partial T_1} = \dfrac{f}{2\omega_0} \sin\varphi \\[3mm] \dfrac{\partial \varphi}{\partial T_1} = \sigma - \dfrac{3}{8}\omega_0 a^2 + \dfrac{f}{2\omega_0 a}\cos\varphi \end{cases} \quad (2.65)$$

为了确定对应稳态运动的定常解振幅，可令式（2.65）中 $a(T_1)$ 和 $\varphi(T_1)$ 对 T_1 的偏微分为零：

$$\begin{cases} \dfrac{f}{2\omega_0} \sin\bar{\varphi} = 0 \\[3mm] \sigma - \dfrac{3}{8}\omega_0 \bar{a}^2 + \dfrac{f}{2\omega_0 \bar{a}}\cos\bar{\varphi} = 0 \end{cases} \quad (2.66)$$

由式（2.66）可以解出相位 $\bar{\varphi} = 0$，然后根据下式解出定常解振幅 $\bar{a}$：

$$\left| \sigma \bar{a} - \frac{3}{8}\omega_0 \bar{a}^3 \right| = \left| \frac{f}{2\omega_0} \right| \quad (2.67)$$

非线性频率 ω 可由下式求得：

$$\omega = \omega_0 + \frac{3}{8}\varepsilon\omega_0 \bar{a}^2 \pm \left| \frac{F}{2\omega_0 \bar{a}} \right| \quad (2.68)$$

通过式（2.67）、式（2.68）可以得到稳态主共振的幅频响应曲线，如图 2.3 所示。对于特定的非线性频率，主共振既可能是一种，也可能是三种。

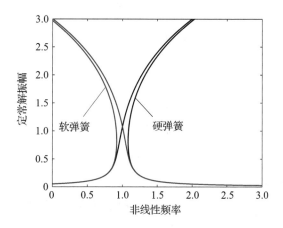

图 2.3　稳态主共振的幅频响应曲线（附彩图）

2.2.4　耦合系统

两自由度达芬振子为

$$
\begin{cases}
\ddot{q}_1 + \omega_1^2 \cdot q_1 + \varepsilon(\eta_{11}q_1^3 + \eta_{12}q_1^2q_2 + \eta_{13}q_1q_2^2 + \eta_{14}q_2^3) = 0 \\
\ddot{q}_2 + \omega_2^2 \cdot q_2 + \varepsilon(\eta_{21}q_1^3 + \eta_{22}q_1^2q_2 + \eta_{23}q_1q_2^2 + \eta_{24}q_2^3) = 0
\end{cases}
\tag{2.69}
$$

式中，q_i——第 i 模态的变形量，$i = 1,2$；

$\quad\quad\eta_{ij}$——系数，$j = 1,2,3,4$；

$\quad\quad\varepsilon$——无穷小量；

$\quad\quad\omega_i$——第 i 模态的频率，满足 $\omega_1 > 5\omega_2$。

假设一次近似解为

$$
\begin{cases}
q_1 = q_{10}(T_0,T_1) + \varepsilon \cdot q_{11}(T_0,T_1) \\
q_2 = q_{20}(T_0,T_1) + \varepsilon \cdot q_{21}(T_0,T_1)
\end{cases}
\tag{2.70}
$$

式中，T_0,T_i——时间尺度。

将式（2.70）代入式（2.69），可得

$$
\left(\frac{\partial^2 q_{10}}{\partial T_0^2} + 2\varepsilon \frac{\partial^2 q_{10}}{\partial T_0 T_1} + \varepsilon^2 \frac{\partial^2 q_{10}}{\partial T_1^2} \right) + \varepsilon \left(\frac{\partial^2 q_{11}}{\partial T_0^2} + 2\varepsilon \frac{\partial^2 q_{11}}{\partial T_0 T_1} + \varepsilon^2 \frac{\partial^2 q_{11}}{\partial T_1^2} \right) + \omega_1^2 (q_{10} + \varepsilon q_{11})
$$

$$
= \varepsilon \big[-\eta_{11}(q_{10} + \varepsilon q_{11})^3 - \eta_{12}(q_{10} + \varepsilon q_{11})(q_{20} + \varepsilon q_{21})^2 -
$$

$$
\eta_{13}(q_{10} + \varepsilon q_{11})^2(q_{20} + \varepsilon q_{21}) - \eta_{13}(q_{20} + \varepsilon q_{21})^3 \big]
\tag{2.71}
$$

和

$$
\left(\frac{\partial^2 q_{20}}{\partial T_0^2} + 2\varepsilon \frac{\partial^2 q_{20}}{\partial T_0 T_1} + \varepsilon^2 \frac{\partial^2 q_{20}}{\partial T_1^2} \right) + \varepsilon \left(\frac{\partial^2 q_{21}}{\partial T_0^2} + 2\varepsilon \frac{\partial^2 q_{21}}{\partial T_0 T_1} + \varepsilon^2 \frac{\partial^2 q_{21}}{\partial T_1^2} \right) + \omega_2^2 (q_{20} + \varepsilon q_{21})
$$

$$
= \varepsilon \big[-\eta_{21}(q_{10} + \varepsilon q_{11})^3 - \eta_{22}(q_{10} + \varepsilon q_{11})(q_{20} + \varepsilon q_{21})^2 -
$$

$$
\eta_{23}(q_{10} + \varepsilon q_{11})^2(q_{20} + \varepsilon q_{21}) - \eta_{24}(q_{20} + \varepsilon q_{21})^3 \big]
\tag{2.72}
$$

对 ε 同幂次数建立方程，有

$$
\varepsilon^0:
\begin{cases}
\dfrac{\partial^2 q_{10}}{\partial T_0^2} + \omega_1^2 q_{10} = 0 \\[3mm]
\dfrac{\partial^2 q_{20}}{\partial T_0^2} + \omega_2^2 q_{20} = 0
\end{cases}
\tag{2.73}
$$

式（2.73）的解为

$$
\begin{cases}
q_{10} = C_1(T_1) \cdot \mathrm{e}^{\mathrm{j}\omega_1 T_0} + \overline{C_1(T_1)} \cdot \mathrm{e}^{-\mathrm{j}\omega_1 T_0} \\
q_{20} = C_2(T_1) \cdot \mathrm{e}^{\mathrm{j}\omega_2 T_0} + \overline{C_2(T_1)} \cdot \mathrm{e}^{-\mathrm{j}\omega_2 T_0}
\end{cases}
\tag{2.74}
$$

假设：

$$\begin{cases} C_1(T_1) = A_1(t)\mathrm{e}^{\mathrm{j}\varphi_1(t)} \\ C_2(T_1) = A_2(t)\mathrm{e}^{\mathrm{j}\varphi_2(t)} \end{cases} \tag{2.75}$$

$$\varepsilon^1: \begin{cases} \dfrac{\partial^2 q_{11}}{\partial T_0^2} + \omega_1^2 q_{11} = -2\dfrac{\partial^2 q_{10}}{\partial T_0 \partial T_1} = \eta_{11}q_{10}^3 - \eta_{12}q_{10}q_{20}^2 - \eta_{13}q_{10}^2 q_{20} - \eta_{14}q_{20}^3 \\[3mm] \dfrac{\partial^2 q_{21}}{\partial T_0^2} + \omega_2^2 q_{21} = -2\dfrac{\partial^2 q_{20}}{\partial T_0 \partial T_1} - \eta_{21}q_{10}^3 - \eta_{22}q_{10}q_{20}^2 - \eta_{23}q_{10}^2 q_{20} - \eta_{24}q_{20}^3 \end{cases} \tag{2.76}$$

将式（2.74）代入式（2.76），可得

$$\begin{aligned} \frac{\partial^2 q_{11}}{\partial T_0^2} + \omega_1^2 q_{11} = &\left[-\mathrm{j}2\omega_1 \frac{\partial C_1(T_1)}{\partial T_1} - 3\eta_{11}C_1^2(T_1)\overline{C_1(T_1)} - 2\eta_{12}C_2(T_1)\overline{C_2(T_1)}C_1(T_1) \right]\mathrm{e}^{\mathrm{j}\omega_1 T_0} + \\ &\left[\mathrm{j}2\omega_1 \frac{\partial \overline{C_1(T_1)}}{\partial T_1} - 3\eta_{11}C_1(T_1)\overline{C_1^2(T_1)} - 2\eta_{12}C_2(T_1)\overline{C_2(T_1)}\,\overline{C_1(T_1)} \right]\mathrm{e}^{-\mathrm{j}\omega_1 T_0} + \\ &\left[-2\eta_{13}C_1(T_1)\overline{C_1(T_1)}C_2(T_1) - 3\eta_{14}C_2^2(T_1)\overline{C_2(T_1)} \right]\mathrm{e}^{\mathrm{j}\omega_2 T_0} + \\ &\left[-2\eta_{13}C_1(T_1)\overline{C_1(T_1)}\,\overline{C_2(T_1)} - 3\eta_{14}\overline{C_2^2(T_1)}\,\overline{C_2(T_1)} \right]\mathrm{e}^{-\mathrm{j}\omega_2 T_0} - \\ &\eta_{11}\left[C_1^3(T_1)\mathrm{e}^{\mathrm{j}3\omega_1 T_0} + \overline{C_1^3(T_1)}\mathrm{e}^{-\mathrm{j}3\omega_2 T_0} \right] - \eta_{12}\left[C_2^2(T_1)C_1(T_1)\mathrm{e}^{\mathrm{j}(2\omega_2 T_0 + \omega_1 T_0)} + \right.\\ &\overline{C_2^2(T_1)}\,\overline{C_1(T_1)}\mathrm{e}^{-\mathrm{j}(2\omega_2 T_0 + \omega_1 T_0)} \left.\right] - \eta_{12}\left[C_2^2(T_1)\overline{C_1(T_1)}\mathrm{e}^{\mathrm{j}(2\omega_2 T_0 - \omega_1 T_0)} + \right.\\ &\overline{C_2^2(T_1)}C_1(T_1)\mathrm{e}^{-\mathrm{j}(2\omega_2 T_0 - \omega_1 T_0)} \left.\right] - \eta_{13}\left[C_1^2(T_1)C_2(T_1)\mathrm{e}^{\mathrm{j}(2\omega_1 T_0 + \omega_2 T_0)} + \right.\\ &\overline{C_1^2(T_1)}\,\overline{C_2(T_1)}\mathrm{e}^{-\mathrm{j}(2\omega_1 T_0 + \omega_2 T_0)} \left.\right] - \eta_{13}\left[C_1^2(T_1)\overline{C_2(T_1)}\mathrm{e}^{\mathrm{j}(2\omega_1 T_0 - \omega_2 T_0)} + \right.\\ &\overline{C_1^2(T_1)}C_2(T_1)\mathrm{e}^{-\mathrm{j}(2\omega_1 T_0 - \omega_2 T_0)} \left.\right] - \eta_{14}\left[C_2^3(T_1)\mathrm{e}^{\mathrm{j}3\omega_2 T_0} + \overline{C_2^3(T_1)}\mathrm{e}^{-\mathrm{j}3\omega_2 T_0} \right] \end{aligned} \tag{2.77}$$

$$\begin{aligned} \frac{\partial^2 q_{21}}{\partial T_0^2} + \omega_2^2 q_{21} = &\left[-\mathrm{j}2\omega_2 \frac{\partial C_2(T_1)}{\partial T_1} - 2\eta_{23}C_1(T_1)\overline{C_1(T_1)}C_2(T_1) - 3\eta_{24}C_2^2(T_1)\overline{C_2(T_1)} \right]\mathrm{e}^{\mathrm{j}\omega_2 T_0} + \\ &\left[\mathrm{j}2\omega_2 \frac{\partial \overline{C_2(T_1)}}{\partial T_1} - 2\eta_{23}C_1(T_1)\overline{C_1(T_1)}\,\overline{C_2(T_1)} - 3\eta_{24}\overline{C_2^2(T_1)}\,\overline{C_2(T_1)} \right]\mathrm{e}^{-\mathrm{j}\omega_2 T_0} + \\ &\left[-3\eta_{21}C_1^2(T_1)\overline{C_1(T_1)} - 2\eta_{22}C_2(T_1)\overline{C_2(T_1)}C_1(T_1) \right]\mathrm{e}^{\mathrm{j}\omega_1 T_0} + \\ &\left[-3\eta_{21}C_1(T_1)\overline{C_1^2(T_1)} - 2\eta_{22}C_2(T_1)\overline{C_2(T_1)}\,\overline{C_1(T_1)} \right]\mathrm{e}^{-\mathrm{j}\omega_1 T_0} - \\ &\eta_{21}\left[C_1^3(T_1)\mathrm{e}^{\mathrm{j}3\omega_1 T_0} + \overline{C_1^3(T_1)}\mathrm{e}^{-\mathrm{j}3\omega_1 T_0} \right] - \eta_{22}\left[C_2^2(T_1)C_1(T_1)\mathrm{e}^{\mathrm{j}(2\omega_2 T_0 + \omega_1 T_0)} + \right.\\ &\overline{C_2^2(T_1)}\,\overline{C_1(T_1)}\mathrm{e}^{-\mathrm{j}(2\omega_2 T_0 + \omega_1 T_0)} \left.\right] - \eta_{22}\left[C_2^2(T_1)\overline{C_1(T_1)}\mathrm{e}^{\mathrm{j}(2\omega_2 T_0 - \omega_1 T_0)} + \right.\\ &\overline{C_2^2(T_1)}C_1(T_1)\mathrm{e}^{-\mathrm{j}(2\omega_2 T_0 - \omega_1 T_0)} \left.\right] - \eta_{23}\left[C_1^2(T_1)C_2(T_1)\mathrm{e}^{\mathrm{j}(2\omega_1 T_0 + \omega_2 T_0)} + \right.\\ &\overline{C_1^2(T_1)}\,\overline{C_2(T_1)}\mathrm{e}^{-\mathrm{j}(2\omega_1 T_0 + \omega_2 T_0)} \left.\right] - \eta_{23}\left[C_1^2(T_1)\overline{C_2(T_1)}\mathrm{e}^{\mathrm{j}(2\omega_1 T_0 - \omega_2 T_0)} + \right.\\ &\overline{C_1^2(T_1)}C_2(T_1)\mathrm{e}^{-\mathrm{j}(2\omega_1 T_0 - \omega_2 T_0)} \left.\right] - \eta_{24}\left[C_2^3(T_1)\mathrm{e}^{\mathrm{j}3\omega_2 T_0} + \overline{C_2^3(T_1)}\mathrm{e}^{-\mathrm{j}3\omega_2 T_0} \right] \end{aligned} \tag{2.78}$$

消除永年项的条件为

$$
\begin{cases}
-\mathrm{j}2\omega_1 \dfrac{\partial C_1(T_1)}{\partial T_1} - 3\eta_{11} C_1^2(T_1)\overline{C_1(T_1)} - 2\eta_{12} C_2(T_1)\overline{C_2(T_1)}C_1(T_1) = 0 \\[3mm]
\mathrm{j}2\omega_1 \dfrac{\partial C_1(T_1)}{\partial T_1} - 3\eta_{11} C_1(T_1)\overline{C_1^2(T_1)} - 2\eta_{12} C_2(T_1)\overline{C_2(T_1)}\,\overline{C_1(T_1)} = 0 \\[3mm]
-\mathrm{j}2\omega_2 \dfrac{\partial C_2(T_1)}{\partial T_1} - 2\eta_{23} C_1(T_1)\overline{C_1(T_1)}C_2(T_1) - 3\eta_{24} C_2^2(T_1)\overline{C_2(T_1)} = 0 \\[3mm]
\mathrm{j}2\omega_2 \dfrac{\partial \overline{C_2(T_1)}}{\partial T_1} - 2\eta_{23} C_1(T_1)\overline{C_1(T_1)}\,\overline{C_2(T_1)} - 3\eta_{24} C_2^2(T_1)\overline{C_2(T_1)} = 0
\end{cases}
\tag{2.79}
$$

将假设解（式（2.75））代入式（2.78），可得

$$
\begin{cases}
\varphi_1(t) = \dfrac{\varepsilon}{2\omega_1}\left(3\eta_{11} A_1^2(t) + 2\eta_{12} A_2^2(t)\right)t + \varphi_{10} \\[3mm]
\varphi_2(t) = \dfrac{\varepsilon}{2\omega_2}\left(2\eta_{23} A_1^2(t) + 3\eta_{24} A_2^2(t)\right)t + \varphi_{20}
\end{cases}
\tag{2.80}
$$

式中，A_1, A_2——常数。

将式（2.77）、式（2.78）消除永年项后求解，有

$$
\begin{aligned}
q_{11} ={}& \frac{-2\eta_{13} C_1(T_1)\overline{C_1(T_1)}C_2(T_1) - 3\eta_{14} C_2^2(T_1)\overline{C_2(T_1)}}{\omega_1^2 - \omega_2^2}\mathrm{e}^{\mathrm{j}\omega_2 T_0} + \\[2mm]
& \frac{-2\eta_{13} C_1(T_1)\overline{C_1(T_1)}\,\overline{C_2(T_1)} - 3\eta_{14}\overline{C_2^2(T_1)}\,\overline{C_2(T_1)}}{\omega_1^2 - \omega_2^2}\mathrm{e}^{-\mathrm{j}\omega_2 T_0} - \\[2mm]
& \eta_{11}\left(\frac{C_1^3(T_1)\mathrm{e}^{\mathrm{j}3\omega_1 T_0}}{-8\omega_1^2} + \frac{\overline{C_1^3(T_1)}\,\mathrm{e}^{-\mathrm{j}3\omega_1 T_0}}{-8\omega_1^2}\right) - \\[2mm]
& \eta_{12}\left[\frac{C_2^2(T_1)C_1(T_1)\mathrm{e}^{\mathrm{j}(2\omega_2 T_0 + \omega_1 T_0)}}{\omega_1^2 - (2\omega_2 + \omega_1)^2} + \frac{\overline{C_2^2(T_1)}\,\overline{C_1(T_1)}\,\mathrm{e}^{-\mathrm{j}(2\omega_2 T_0 + \omega_1 T_0)}}{\omega_1^2 - (2\omega_2 + \omega_1)^2}\right] - \\[2mm]
& \eta_{12}\left[\frac{C_2^2(T_1)\overline{C_1(T_1)}\,\mathrm{e}^{\mathrm{j}(2\omega_2 T_0 - \omega_1 T_0)}}{\omega_1^2 - (2\omega_2 - \omega_1)^2} + \frac{\overline{C_2^2(T_1)}\,C_1(T_1)\mathrm{e}^{-\mathrm{j}(2\omega_2 T_0 - \omega_1 T_0)}}{\omega_1^2 - (2\omega_2 - \omega_1)^2}\right] - \\[2mm]
& \eta_{13}\left[\frac{C_1^2(T_1)C_2(T_1)\mathrm{e}^{\mathrm{j}(2\omega_1 T_0 + \omega_2 T_0)}}{\omega_1^2 - (2\omega_1 + \omega_2)^2} + \frac{\overline{C_1^2(T_1)}\,\overline{C_2(T_1)}\,\mathrm{e}^{-\mathrm{j}(2\omega_1 T_0 + \omega_2 T_0)}}{\omega_1^2 - (2\omega_1 + \omega_2)^2}\right] - \\[2mm]
& \eta_{13}\left[\frac{C_1^2(T_1)\overline{C_2(T_1)}\,\mathrm{e}^{\mathrm{j}(2\omega_1 T_0 - \omega_2 T_0)}}{\omega_1^2 - (2\omega_1 - \omega_2)^2} + \frac{\overline{C_1^2(T_1)}\,C_2(T_1)\mathrm{e}^{-\mathrm{j}(2\omega_1 T_0 - \omega_2 T_0)}}{\omega_1^2 - (2\omega_1 + \omega_2)^2}\right] - \\[2mm]
& \eta_{14}\left(\frac{C_2^3(T_1)\mathrm{e}^{\mathrm{j}3\omega_2 T_0}}{\omega_1^2 - 9\omega_2^2} + \frac{\overline{C_2^3(T_1)}\,\mathrm{e}^{-\mathrm{j}3\omega_2 T_0}}{\omega_1^2 - 9\omega_2^2}\right)
\end{aligned}
\tag{2.81}
$$

$$q_{21} = \frac{-3\eta_{21}C_1^2(T_1)\overline{C_1(T_1)} - 2\eta_{22}C_2(T_1)\overline{C_2(T_1)}C_1(T_1)}{\omega_2^2 - \omega_1^2}\mathrm{e}^{\mathrm{j}\omega_1 T_0} +$$

$$\frac{-3\eta_{21}C_1(T_1)\overline{C_1^2(T_1)} - 2\eta_{22}C_2(T_1)\overline{C_2(T_1)}\,\overline{C_1(T_1)}}{\omega_2^2 - \omega_1^2}\mathrm{e}^{-\mathrm{j}\omega_2 T_0} -$$

$$\eta_{21}\left(\frac{C_1^3(T_1)\mathrm{e}^{\mathrm{j}3\omega_1 T_0}}{\omega_2^2 - 9\omega_1^2} + \frac{\overline{C_1^3(T_1)}\mathrm{e}^{-\mathrm{j}3\omega_1 T_0}}{\omega_2^2 - 9\omega_1^2}\right) -$$

$$\eta_{22}\left[\frac{C_2^2(T_1)C_1(T_1)\mathrm{e}^{\mathrm{j}(2\omega_2 T_0 + \omega_1 T_0)}}{\omega_2^2 - (2\omega_2 + \omega_1)^2} + \frac{\overline{C_2^2(T_1)}\,\overline{C_1(T_1)}\mathrm{e}^{-\mathrm{j}(2\omega_2 T_0 + \omega_1 T_0)}}{\omega_2^2 - (2\omega_2 + \omega_1)^2}\right] -$$

$$\eta_{22}\left[\frac{C_2^2(T_1)\overline{C_1(T_1)}\mathrm{e}^{\mathrm{j}(2\omega_2 T_0 - \omega_1 T_0)}}{\omega_2^2 - (2\omega_2 - \omega_1)^2} + \frac{\overline{C_2^2(T_1)}C_1(T_1)\mathrm{e}^{-\mathrm{j}(2\omega_2 T_0 + \omega_1 T_0)}}{\omega_2^2 - (2\omega_2 - \omega_1)^2}\right] -$$

$$\eta_{23}\left[\frac{C_1^2(T_1)C_2(T_1)\mathrm{e}^{\mathrm{j}(2\omega_1 T_0 + \omega_2 T_0)}}{\omega_2^2 - (2\omega_1 + \omega_2)^2} + \frac{\overline{C_1^2(T_1)}\,\overline{C_2(T_1)}\mathrm{e}^{-\mathrm{j}(2\omega_1 T_0 + \omega_2 T_0)}}{\omega_2^2 - (2\omega_1 + \omega_2)^2}\right] -$$

$$\eta_{23}\left[\frac{C_1^2(T_1)\overline{C_2(T_1)}\mathrm{e}^{\mathrm{j}(2\omega_1 T_0 - \omega_2 T_0)}}{\omega_2^2 - (2\omega_1 - \omega_2)^2} + \frac{\overline{C_1^2(T_1)}C_2(T_1)\mathrm{e}^{-\mathrm{j}(2\omega_1 T_0 - \omega_2 T_0)}}{\omega_2^2 - (2\omega_1 - \omega_2)^2}\right] -$$

$$\eta_{24}\left(\frac{C_2^3(T_1)\mathrm{e}^{\mathrm{j}3\omega_2 T_0}}{-8\omega_2^2} + \frac{\overline{C_2^3(T_1)}\mathrm{e}^{-\mathrm{j}3\omega_2 T_0}}{-8\omega_2^2}\right) \qquad (2.82)$$

将式 (2.74)、式 (2.81)、式 (2.82) 代入式 (2.70)，得到式 (2.69) 的一次近似解。

2.3 相图

二阶系统在机械系统分析中占据重要地位。二阶系统可以用相图进行分析。相图给出系统轨迹在平面中的变化。图 2.4 给出了线性二阶系统的 4 种相图形式。如图 2.4 (a) 所示，随着时间推移，轨迹远离平衡点，所以是不稳定的；如图 2.4 (b) (c) 所示，随着时间推移，轨迹都可以收敛到平衡点，所以都是稳定的；如图 2.4 (d) 所示，随着时间推移，轨迹绕着平衡点附近运动，既不会逐渐接近平衡点，也不会逐渐远离平衡点，因此是临界稳定状态，围绕平衡点做等幅振荡。

图 2.5 给出了一种非线性单摆的相图，横坐标是摆动角位移 x_1，纵坐标是摆动角速度 x_2。非线性单摆的相图与图 2.4 (d) 类似，都是围绕平衡点做等幅振荡，其动力学行为之所以类似，是由于非线性单摆只具有弱非线性特征。另外，图 2.5 所示的非线性单摆的平衡点不唯一，可能具有多个平衡点，只要摆动角位移为 $2k\pi$、摆动角速度为零，就是该系统的平衡点。

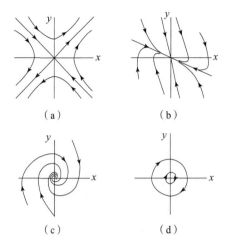

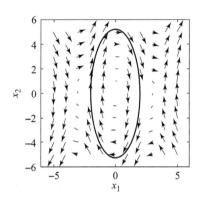

图 2.4 　线性二阶系统的 4 种相图形式 　　　　图 2.5 　非线性单摆的相图

（a）鞍点；（b）稳定节点；（c）稳定旋涡；（d）中心点

2.4 　极限环、分叉和混沌

图 2.6 给出了 van der Pol 振子的相图。对应的 van der Pol 振子方程为

$$\ddot{x} + x - \mu(1 - x^2)\dot{x} = 0 \tag{2.83}$$

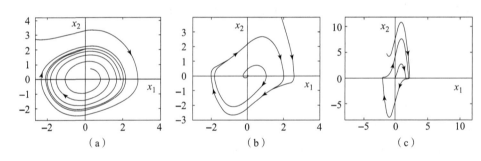

图 2.6 　van der Pol 振子的相图

（a）$\mu = 0.2$；（b）$\mu = 1$；（c）$\mu = 5$

随着非线性系数 μ 变化，van der Pol 振子存在封闭的周期轨迹。这种封闭的周期轨迹称为极限环。若随着时间推移，相图中的任意一点都将趋向于极限环，则称为稳定的极限环。图 2.6 所示都是稳定的极限环。反之，若随着时间推移，相图中的任意一点都将远离极限环，则称为不稳定的极限环。

考虑某个二阶系统：

$$\begin{cases} \dot{x}_1 = \mu - x_1^2 \\ \dot{x}_2 = -x_2 \end{cases} \tag{2.84}$$

随着非线性系数 μ 变化，平衡点、周期轨迹或稳定性发生变化的现象称为分叉，对应的非线性系数称为分叉系数，发生特性变化的点称为分叉点。图 2.7 给出了非线性二阶系统（式（2.54））随着非线性系数 μ 变化而产生分叉的相图。在图 2.7（a）中，$\mu > 0$，右平衡点 $(\sqrt{\mu}, 0)$ 是鞍点，左平衡点 $(-\sqrt{\mu}, 0)$ 是稳定节点；在图 2.7（b）中，$\mu = 0$，两个平衡点合并为一个，是鞍点；在图 2.7（c）中，$\mu < 0$，平衡点不存在。非线性系数 μ 是分叉系数，$\mu = 0$ 是分叉点。

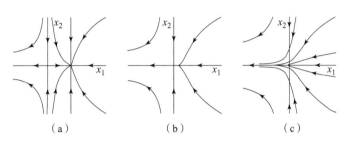

图 2.7　出现分叉的相图

（a）$\mu > 0$；（b）$\mu = 0$；（c）$\mu < 0$

考虑某个二阶系统：

$$\ddot{x} + 0.05\dot{x} - 0.5x + 0.5x^3 = 0 \tag{2.85}$$

平衡点是 $(-1, 0)$、$(0, 0)$、$(1, 0)$。初始状态激励下的响应可能受初始状态的影响很大。初始位移为 1，初始速度取 0.5、0.6、0.7，对应的响应结果如图 2.8 所示。在图 2.8（a）中，收敛到平衡点 $(1, 0)$；在图 2.8（b）中，收敛到平衡点 $(-1, 0)$；在图 2.8（c）中，收敛到平衡点 $(1, 0)$。

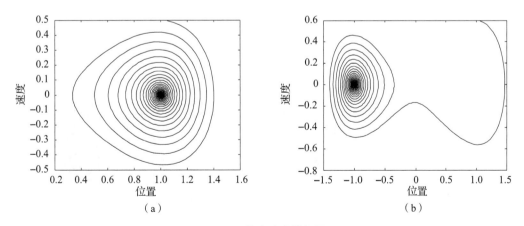

图 2.8　状态响应的相图

（a）初始速度为 0.5；（b）初始速度为 0.6

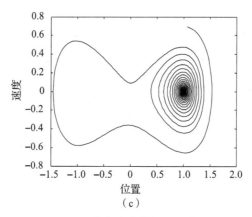

（c）

图2.8 状态响应的相图（续）

（c）初始速度为0.7

考虑某个二阶系统：

$$\ddot{x} + 0.05\dot{x} - 0.5x + 0.5x^3 = F\sin(t) \tag{2.86}$$

输入激励响应可能受输入幅值的影响很大。输入幅值 F 取 0.177、0.178、0.21 对应的响应，结果如图2.9所示。在图2.9（a）中，收敛到平衡点（−1,0）附近；在图2.9（b）中，收敛到平衡点（1,0）附近；在图2.9（c）中，在平衡点（−1,0）和（1,0）之间转换。

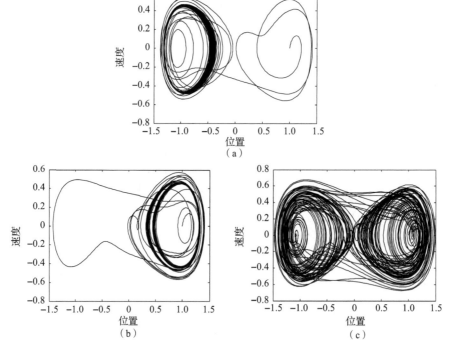

图2.9 输入响应的相图

（a）$F = 0.177$；（b）$F = 0.178$；（c）$F = 0.21$

图 2.8 和图 2.9 所示为非线性二阶系统的一种复杂动力学现象，其稳态状态不是平衡点，不是极限环，也不是近似周期轨迹，这种现象通常指向混沌。虽然某些动力学行为看起来随机，但是这些动力学动力是由系统特性确定的。

2.5 运动稳定性

相对初始给定的扰动，系统运动是否具有稳定性，即在无穷时间区间内是否具有对初值变动的连续依赖性？如果具有稳定性且随时间推移未被扰动的特定运动与经扰动后的运动之间的差能收敛至零，则称为是渐进稳定的。

系统 $\dot{x} = f(x)$ 对应的平衡点是 $x = 0$。如果对任意 $\varepsilon > 0$，存在函数 $\delta(\varepsilon) > 0$，满足

$$\|x(0)\| < \delta \Rightarrow \|x(t)\| < \varepsilon, \ \forall t \geq 0$$

则该系统在该平衡点处稳定。否则，就是不稳定的。

若满足下式：

$$\|x(0)\| < \delta \Rightarrow \lim_{t \to +\infty} x(t) = 0$$

则该系统在该平衡点处渐进稳定。

俄国数学家、力学家李雅普诺夫于 1892 年的博士论文《运动稳定性一般问题》为稳定性理论做出了奠基性贡献。

李雅普诺夫稳定定理：

系统 $\dot{x} = f(x)$ 对应的平衡点是 $x = 0$。$D \subset \mathbf{R}^n$ 包含该平衡点的域。存在一个连续可微函数 $V: D \to \mathbf{R}$，满足：

（1） $V(0) = 0$ 且 $V(x) > 0$ 在 $D - \{0\}$ 域内。

（2） $\dot{V}(x) \leq 0$，在 D 域内，则该平衡点处是李雅普诺夫稳定的。

（3） $\dot{V}(x) < 0$，在 D 域内，则该平衡点处是李雅普诺夫渐进稳定的。

全局渐进稳定定理：

系统 $\dot{x} = f(x)$ 对应的平衡点是 $x = 0$。存在一个连续可微函数 $V: \mathbf{R}^n \to \mathbf{R}$，满足：

$$V(0) = 0 \ \text{且} \ V(x) > 0, \ \forall x \neq 0$$

$$\|x(0)\| \to \infty \Rightarrow V(x) \to \infty$$

$$\dot{V}(x) < 0, \ \forall x \neq 0$$

则该平衡点处是全局渐进稳定的。

例2.4 有单摆动力学模型：

$$\begin{cases} \dot{x}_1 = x_2 \\ \dot{x}_2 = -a\sin x_1 \end{cases}$$

请研究它的稳定性。

解： 平衡点是 $x_1 = 0$、$x_2 = 0$。

构造一个李雅普诺夫函数 $V(\boldsymbol{x}) = a(1 - \cos x_1) + 0.5x_2^2$，该函数具有 $V(\boldsymbol{0}) = 0$，在域 $x_1 \in (-\pi, \pi)$ 内 $V(\boldsymbol{x})$ 正定。

$$\dot{V}(\boldsymbol{x}) = a\dot{x}_1\sin x_1 + x_2\dot{x}_2 = ax_2\sin x_1 - ax_2\sin x_1 = 0$$

该模型满足李雅普诺夫稳定定理，系统是稳定的，处于临界稳定状态。因此，随着时间推移，李雅普诺夫函数 $V(\boldsymbol{x})$ 没有衰减，处于振荡状态。

第3章

非线性控制与智能控制

3.1　滑模控制

考虑一个二阶系统：

$$\begin{cases} \dot{x}_1 = x_2 \\ \dot{x}_2 = h(\boldsymbol{x}) + g(\boldsymbol{x})u \end{cases} \tag{3.1}$$

式中，$h(\cdot),g(\cdot)$——非线性函数，$g(\cdot)>0$。

设计一个运动约束函数：

$$s = a_1 x_1 + x_2 = 0 \tag{3.2}$$

该函数满足：

$$\dot{s} = a_1 \dot{x}_1 + h(\boldsymbol{x}) + g(\boldsymbol{x})u$$

假设函数 $h(\cdot)$ 和 $g(\cdot)$ 满足下式：

$$\left| \frac{a_1 x_2 + h(\boldsymbol{x})}{g(\boldsymbol{x})} \right| \leqslant \rho(\boldsymbol{x}), \ \forall \boldsymbol{x} \in \mathbf{R}^2 \tag{3.3}$$

设计一个切换控制器：

$$u = -\beta(\boldsymbol{x}) \cdot \mathrm{sgn}(s) \tag{3.4}$$

式中，

$$\beta(\boldsymbol{x}) \geqslant \rho(\boldsymbol{x}) + \beta_0, \ \beta_0 > 0 \tag{3.5}$$

$$\mathrm{sgn}(s) = \begin{cases} 1, & s > 0 \\ 0, & s = 0 \\ -1, & s < 0 \end{cases}$$

设计李雅普诺夫函数 $V(\boldsymbol{x}) = 0.5s^2$，则

$$\dot{V}(\boldsymbol{x}) = s\dot{s} = s(a_1 x_2 + h(\boldsymbol{x})) + g(\boldsymbol{x})su \leqslant g(\boldsymbol{x}) \cdot |s| \cdot \rho(\boldsymbol{x}) + g(\boldsymbol{x})su$$

$$\leqslant g(\boldsymbol{x}) \cdot |s| \cdot \rho(\boldsymbol{x}) - g(\boldsymbol{x})(\rho(\boldsymbol{x}) + \beta_0)s \cdot \mathrm{sgn}(s) = -g(\boldsymbol{x})\beta_0 \cdot |s|$$

因此，轨迹会在有限时间内到达运动约束函数（式（3.2））上，在到达后不会离开，保持状态渐进稳定到平衡点。图3.1给出了一个滑模控制的相图，其运动轨迹包括两部分：第一部分是在有限时间内轨迹到达运动约束函数（式（3.2））；第二部分是沿着这个运动约束函数滑动到平衡点。在运动约束函数上，动力学过程满足 $\dot{x}_1 + ax_1 = 0$，动力学过程实现了降维效果。运动约束函数称为滑动平面，控制器（式（3.4））称为滑模控制器。

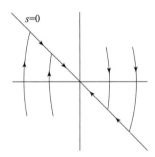

图3.1 滑模控制的相图

例3.1 滑模控制器设计。

机器的状态方程：

$$\begin{cases} \dot{x}_1 = x_2 \\ \dot{x}_2 = -\dfrac{g\sin(x_1 + 0.5\pi)}{l} - \dfrac{kx_2}{m} + \dfrac{u}{ml^2} \end{cases}$$

式中，u 是输入，g 为重力加速度常数，m、l、k 是系统结构参数。设计一个滑模控制器，使被控系统稳定在 $x_1 = 0$、$x_2 = 0$。

根据式（3.4）设计滑模控制器：

$$u = -\beta \cdot \mathrm{sgn}(x_1 + x_2)$$

系统结构参数 $m = 0.1$、$l = 1$、$k = 0.02$。摆动角位移（rad）范围为 $(-0.5\pi, 0.5\pi)$，摆动角速度（rad/s）范围为 $(-2\pi, 2\pi)$。根据式（3.3）计算不等式约束：

$$\left| \frac{a_1 x_2 + h(\boldsymbol{x})}{g(\boldsymbol{x})} \right| = |(m-k)l^2 x_2 - mlg\cos(x_1)|$$

$$\leqslant 2\pi(m-k)l^2 + mlg = 3.68$$

则控制器系数 $\beta = 4$。初始状态为 $x_1 = -0.25\pi$、$x_2 = 0$。仿真结果如图3.2所示。在滑模控制器作用下，经0.05 s运动到滑模平面 s 上，然后在该平面附近高速切换，沿着该平面收敛到目标点。

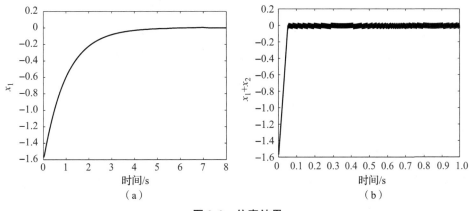

图 3.2　仿真结果

（a）输出响应；（b）滑模平面响应

3.2　神经网络控制

神经网络是具有高度非线性的连续时间动力系统，有很强的自学习功能和逼近非线性函数的能力，即对非线性系统有强大的映射能力，因此可应用于复杂对象的控制。神经网络所具有的大规模并行性、冗余性、容错性及自组织、自学习、自适应能力，可用于实现控制的智能化。

神经网络用于控制的优越性主要有：神经网络可以处理那些难以用模型（或规则）描述的对象；神经网络采用并行分布式信息处理方式，具有很强的容错性；神经网络在本质上是非线性系统，可以实现任意非线性映射；神经网络具有很强的信息综合能力，能同时处理大量不同类型信息的输入，能够很好地解决输入信息之间的互补性和冗余性问题；神经网络的硬件实现日趋方便。大规模集成电路技术的发展为神经网络的硬件实现提供了技术手段，为神经网络在控制中的应用开辟了广阔的前景。

神经网络用于控制主要有两种方式：一种是利用神经网络实现系统建模，有效地辨识系统；另一种是将神经网络直接作为控制器使用。

3.2.1　人工神经网络

神经生理学和神经解剖学的研究表明，人脑极其复杂，由多个神经元交织在一起的网状结构构成，其中大脑皮层约有 140 亿个神经元，小脑皮层约有 1 000 亿个神经元。每个神经元有 100~1 000 个突触，可与多个神经元连接，相互传递信号，神经纤

维传导的速度在 $1 \sim 150$ m/s 之间，信息传输时有延时，有不应期。

人工神经网络（artificial neural network，ANN）是模拟人脑思维方式的数学模型。人工神经网络是在现代生物学研究人脑组织成果的基础上提出的，用于模拟人脑神经网络的结构和行为，以及分布式工作特点和自组织功能。人工神经网络反映了人脑功能的基本特征，如并行信息处理、学习、记忆、联想、模式分类等。人工神经网络可以通过学习来获取外部知识并存储在网络内，特别是信息的理解、知识的处理、组合优化计算和智能控制等一系列本质上非计算的问题。

1. 单神经元模型

图 3.3 所示为人工单神经元模型。其中，θ_i 称为阈值，w_{ij} 表示神经元 j 到神经元 i 的连接权系数，$f(\,\cdot\,)$ 称为输出变换函数。变换函数实际上是神经元模型的输出函数，用于模拟神经细胞的兴奋、抑制及阈值等非线性特性，经过加权加法器和线性动态系统进行时空整合得到信号 u_i，再经变换函数 $f(\,\cdot\,)$ 后得到神经元的输出 y_i。其中，$u_i = \sum_{j=1}^{n} w_{ij} x_j - \theta_i$；$y_i = f(u_i)$。

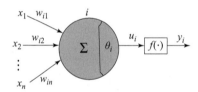

图 3.3 人工单神经元模型

接下来，介绍几种常用的变换函数。

（1）符号函数：

$$y = f(u) = \begin{cases} 1, & u \geq 0 \\ -1, & u < 0 \end{cases} \tag{3.6}$$

（2）饱和函数：

$$y = f(u) = \begin{cases} 1, & u \geq \dfrac{1}{k} \\ ku, & -\dfrac{1}{k} \leq u < \dfrac{1}{k} \\ -1, & u < -\dfrac{1}{k} \end{cases} \tag{3.7}$$

（3）阈值函数：

$$y = f(u) = \begin{cases} 1, & u \geq 0 \\ 0, & u < 0 \end{cases} \tag{3.8}$$

（4）Sigmoid 函数：

$$y = f(u) = \frac{1}{1 + e^{-au}} \tag{3.9}$$

（5）高斯函数：

$$y = f(u) = e^{-u^2/\sigma^2} \tag{3.10}$$

2. 连接方式与学习方法

神经网络的连接方式分为两种形式：前馈网络、反馈网络。在前馈网络中，神经元分层排列，组成输入层、隐含层和输出层；每层的神经元只接受前一层神经元的输入；在各神经元之间不存在反馈。例如，BP 网络就是前馈网络形式。在反馈网络中，网络结构在输出层到输入层之间存在反馈，输入信号决定反馈系统的初始状态。例如，Hopfield 网络就是反馈网络形式。

此外，还有混合型和网状神经网络结构。在前馈网络中，若同一层的神经元之间有互连的结构形式，则称为混合型网络。这种在内层神经元的互连，是为了限制同层内同时兴奋或抑制的神经元数目。网状结构是互相结合型的结构，各神经元都有可能相互连接，所有神经元既是输入又是输出。该结构若在某一时刻从神经元外施加一个输入，则各神经元一边相互作用，一边进行信息处理，直到所有神经元的阈值和系数都收敛。

神经网络的工作过程主要分为两个阶段：第一个阶段是学习期，此时各计算单元的状态不变，各连接权上的权值可通过学习来修改；第二个阶段是工作期，此时各连接权固定，计算单元变化，以达到某种稳定状态。神经网络学习方法主要包括有教师学习、无教师学习、再励学习。

在有教师学习方法中，网络的输出和期望的输出（即教师信号）进行比较，根据两者之间的差异来调整网络的权值，最终使差异变小。Delta 规则就是有教师学习方法。

在无教师学习方式中，输入模式进入网络后，网络按照预先设定的规则（如竞争规则）自动调整权值，使网络最终具有模式识别、分类等功能。Kohonen 算法就是无教师学习方法。

再励学习对系统的输出结果只给出评价（奖或罚）而不给出正确答案，学习系统通过强化那些受奖励的动作来改善自身性能，外部提供的信息少，其需靠自身经历来学习、获取知识。

3. 典型模型

神经网络的典型模型包括以下几种。

（1）ARP 网络：是有教师学习方法，使用随机增大率学习规则、反向传播方式，主要应用在模式识别方面。

（2）ART 网络：是无教师学习方法，使用竞争率学习规则、反向传播方式，主要应用在分类方面。

（3）BAM 网络：是无教师学习方式，使用 Hebb/竞争率学习规则、反向传播方式，主要应用在图像处理方面。

（4）BP 网络：是有教师学习方式，使用误差修正学习规则、反向传播方式，主要应用在分类方面。

（5）CPN 网络：是有教师学习方式，使用 Hebb 率学习规则、反向传播方式，主要应用在自组织映射方面。

（6）LAM 网络：是有教师学习方式，使用 Hebb 率学习规则、正向传播方式，主要应用在系统控制方面。

（7）感知器：是有教师学习方式，使用误差修正学习规则、正向传播方式，主要应用在分类和预测方面。

4. 知识表示与推理

人工神经网络的知识表示隐藏在权值和阈值中，经过神经网络的学习训练过程，将知识通过对权值和阈值的训练，拟合出对复杂过程的模型来实现知识表示。人工神经网络经过充分训练后进行的工作就是神经网络的推理。神经网络的推理就是在训练好的神经网络上进行的网络计算。

3.2.2 基于神经网络的系统辨识

基于神经网络的系统辨识是指可在已知常规模型结构的情况下估计模型的参数，或利用神经网络的线性、非线性特性来建立线性、非线性系统的静态、动态、逆动态及预测模型。

辨识就是根据输入和输出的数据，从一组给定的模型中确定一个与所测系统等价的模型。由此可知，辨识有三大要素：数据、模型类、等价准则。

（1）数据：能观测到的被辨识系统的输入/输出数据。为了能够辨识实际系统，对输入信号的最低要求是在辨识时间内系统的动态过程必须被输入信号持续激励，即要求输入信号的频率必须足以覆盖系统的频谱，同时要求输入信号应能使给定问题的辨识模型精度足够高。

（2）模型类：待寻找模型的范围。模型只是在某种意义下对实际系统的一种近似描述，若要同时兼顾其精确性和复杂性，则既可以由一个或多个神经网络组成，也可以加入线性系统，一般选择能逼近原系统的最简模型。

（3）等价准则：辨识的优化目标，用来衡量模型与实际系统的接近情况。

假设一个离散非时变系统的输入和输出分别为 $u(k)$ 和 $y(k)$，其辨识问题可描述为寻求一个数学模型，使得模型的输出与被辨识系统的输出 $y(k)$ 之差满足规定的要求。设非线性对象的数学模型可表示为

$$y(t) = f(y(t-1), y(t-2), \cdots, y(t-n), u(t), u(t-1), \cdots, u(t-m))$$

式中，$f(\cdot)$——描述系统特征的未知非线性函数；

　　　m, n——输入、输出的阶次。

神经网络辨识包括系统正模型辨识和逆模型辨识。正模型辨识包括并联结构和串并联结构两种，如图 3.4（a）（b）所示，被辨识系统输出与模型输出的偏差不用于辨识修正过程。并联结构和串并联结构的差异在于，在串并联结构中，神经网络辨识需要使用被辨识系统输出 $y(t)$。逆模型辨识包括前向结构和反馈结构，如图 3.4（c）（d）所示，被辨识系统输出与模型输出的偏差用于辨识修正过程，逐步修正模型，以减小模型误差。在图 3.3（c）所示的前向结构中，神经网络位于前向通道中；在图 3.4（d）所示的反馈结构中，神经网络位于反馈通道中。

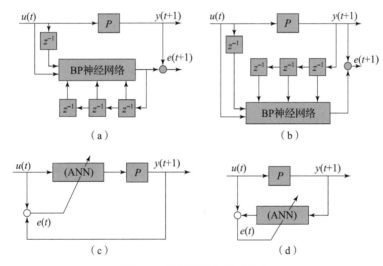

图 3.4　神经网络辨识的结构

（a）并联结构；（b）串并联结构；（c）前向结构；（d）反馈结构

基于神经网络的系统辨识，就是选择适当的神经网络来作为被控对象或生产过程（线性或非线性）的模型或逆模型。在辨识过程中，系统模型的参数对应于神经网络中的权值、阈值，通过调节这些权值、阈值，就可以使网络输出逼近系统输出。神经网络的系统辨识可以分为在线辨识和离线辨识两种，在线辨识过程要求具有实时性。神经网络辨识一般先进行离线训练，将得到的权值作为在线学习的初始权值，然后进行

在线学习，以便加快后者的学习过程。

例3.1 BP 神经网络实现系统辨识。

神经网络辨识中的神经网络用三层 BP 网络实现，输入层至隐含层的权值矩阵为 $\boldsymbol{V}$，隐含层至输出层的权值矩阵为 $\boldsymbol{W}$，网络的设计如图 3.5 所示。

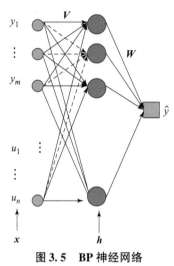

图3.5 BP 神经网络

1）输入层设计

输入层应设 $n+m$ 个神经元，分别接收被控对象的 n 个输出序列和 m 个输入序列。因此输入向量为

$$\boldsymbol{x} = \begin{bmatrix} y(k) & y(k-1) & \cdots & y(k-n+1) & u(k) & u(k-1) & \cdots & u(k-m+1) \end{bmatrix}$$

2）隐含层设计

一般设为单隐含层，神经元个数 p 由实验确定。隐含层第 i 个神经元的输入为

$$h_i = \sum_{j=0}^{n-1} v_{ij} y(k-j) + \sum_{j=n}^{n+m-1} v_{ij} u(k-j+n), \ i = 1, 2, \cdots, p \tag{3.11}$$

式中，v_{ij}——第 (i,j) 个权值。

3）输出层设计

输出层只设一个神经元，其输出 $o(t+1)$ 即辨识模型的输出 $\hat{y}$。输出层神经元采用线性激活函数，因此有

$$\hat{y} = \sum_{j=0}^{p} w_j h_j \tag{3.12}$$

4）权值调整算法

被辨识系统输出与模型输出的误差，用来调整神经网络的权值。权值调整算法以网络的误差函数为系统的性能指标函数，即

$$e_1(k) = |y(k) - \hat{y}(k)| \tag{3.13}$$

采用具有动量项的调整算法，可得各层的权值调整式为

$$\Delta w_i(k+1) = -\eta_1 e_1(k+1) h_i(k) + \alpha_1 \Delta w_i(k), \quad i = 1,2,\cdots,p \tag{3.14}$$

$$\Delta v_{ij}(k+1) = -\eta_1 e_1(k+1) f'(\text{net}_i(k)) w_i(k) x_j(k) + \alpha_1 \Delta v_{ij}(k)$$

$$i = 1,2,\cdots,p, \ j = 1,2,\cdots,n+m \tag{3.15}$$

式中，α_1——增益系数。

$f'(\text{net}_i(k))$——神经元的变换函数的偏导数；

$\Delta w_i(k)$——输入层至隐含层相邻两个时刻的权值差，$\Delta w_i(k) = w_i(k) - w_i(k-1)$；

$\Delta v_{ij}(k)$——隐含层至输出层相邻两个时刻的权值差，$\Delta v_{ij}(k) = v_{ij}(k) - v_{ij}(k-1)$。

3.2.3　神经网络控制器

神经网络作为控制器，可实现对不确定系统或未知系统进行有效的控制，使控制系统达到所要求的动态特性、静态特性。根据神经网络在控制器中的作用不同，神经网络控制器可分为两类：独立神经网络控制，以神经网络为基础而形成的独立智能控制系统；混合神经网络控制，利用神经网络学习和优化能力来改善传统控制的智能控制方法，如自适应神经网络控制等。

1. 神经网络直接逆控制

图 3.6 给出了神经网络直接逆控制框图。用评价函数 $E(t)$ 作为性能指标，以调整神经网络控制器的权值，神经网络（NN）通过评价函数进行学习，当性能指标为零时，神经网络控制器即对象的逆模型。

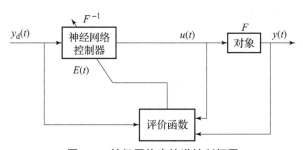

图 3.6　神经网络直接逆控制框图

神经网络控制器与被控对象 F 串联，以实现被控对象的逆模型 F^{-1}，且能在线调整，因此要求对象动态可逆。若 $F^{-1} \cdot F = 1$，则在理论上可做到 $y(t) = y_d(t)$。输出跟踪输入的精度取决于逆模型的精确程度。

2. 神经网络监督控制

图 3.7 给出了神经网络监督控制框图。

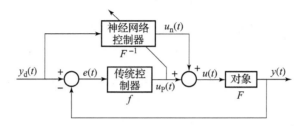

图 3.7 神经网络监督控制框图

传统控制的输出 u_P 是传统控制器输入 e 的函数，e 是输入与输出偏差，系统输出 y 是系统输入 u 的函数，因此 u_P 最终是网络权值的函数，故可通过使 u_P 逐渐趋于零来调整网络权值。

当 $u_P = 0$ 时，从前馈通路看，有

$$y = F(u) = F(u_n) = F(F^{-1}(y_d)) = y_d$$

此时再从反馈回路看，有 $e = y_d - y = 0$。

神经网络监督控制的特点：

（1）神经网络控制器是前馈控制器，建立被控对象的逆模型。

（2）神经网络控制器基于传统控制器的输出，在线学习调整网络的权值，使反馈控制输入趋近于零，从而使神经网络控制器逐渐在控制作用中占据主导地位，最终取消反馈控制器的作用。

（3）一旦系统出现干扰，反馈控制器就重新起作用。

（4）可确保控制系统的稳定性和鲁棒性，有效提高系统的精度和自适应能力。

3. 单神经元自适应 PID 控制

单神经元自适应控制器通过对加权系数的调整来实现自适应、自组织功能，其 PID 控制框图如图 3.8 所示。

图 3.8 神经网络自适应 PID 控制

选线性激活函数，控制算法为

$$u(k) = u(k-1) + K_P \cdot \sum_{i=1}^{3} \left(\frac{w_i(k)}{\sum\limits_{i=1}^{3} |w_i(k)|} \cdot x_i(k) \right) \tag{3.16}$$

式中，K_P——神经元的比例系数。

$$\begin{cases} x_1(k) = e(k) \\ x_2(k) = e(k) - e(k-1) \\ x_3(k) = e(k) - 2e(k-1) + e(k-2) \end{cases} \tag{3.17}$$

$$\begin{cases} w_1(k+1) = w_1(k) + \eta_{\mathrm{P}} e(k) u(k) x_1(k) \\ w_2(k+1) = w_2(k) + \eta_{\mathrm{I}} e(k) u(k) x_2(k) \\ w_3(k+1) = w_3(k) + \eta_{\mathrm{D}} e(k) u(k) x_3(k) \end{cases} \tag{3.18}$$

式中，$\eta_{\mathrm{P}}, \eta_{\mathrm{I}}, \eta_{\mathrm{D}}$——比例、积分、微分的学习速率。

权系数的调整按有监督的 Hebb 学习规则实现，即在学习算法中加入监督项 $e(k)$。

3.3　模糊控制

3.3.1　模糊集合与模糊变换

论域 U 是某些对象的集合，u 为它的元素。论域 U 到 $[0,1]$ 区间的任一映射 μ_F 称为 F 的隶属函数或隶属度。μ_F 表示 u 属于模糊集合的 F 程度。

如果 A 和 B 是论域 U 中的两个模糊集，对应的隶属函数分别为 μ_A 和 μ_B，则存在如下基本运算：

A 和 B 的并集，记为 $A \cup B$，则隶属函数定义为

$$\mu_{A \cup B} = \mu_A \vee \mu_B = \max\{\mu_A, \mu_B\} \tag{3.19}$$

A 和 B 的交集，记为 $A \cap B$，则隶属函数定义为

$$\mu_{A \cap B} = \mu_A \wedge \mu_B = \min\{\mu_A, \mu_B\} \tag{3.20}$$

A 的补集，记为 $\bar{A}$，则隶属函数定义为

$$\mu_{\bar{A}} = 1 - \mu_A \tag{3.21}$$

例 3.2　论域 $U = \{u_1, u_2, u_3, u_4\}$，已知 $A = 0.2/u_1 + 0.7/u_2 + 0.6/u_3 + 0.4/u_4$，因此 u_1 隶属度为 0.2、u_2 隶属度为 0.7、u_1 隶属度为 0.6、u_4 隶属度为 0.4。

如果 U、V 为两个模糊集合，则其直积 $U \times V$ 中的一个模糊子集 R 称为从 U 到 V 的模糊关系或模糊变换，可表示为

$$R_{U \times V} = \{((u,v), \mu_R(u,v)) u \in U, v \in V\} \tag{3.22}$$

模糊语言是具有模糊性的语言。模糊语言变量是用模糊语言表示的模糊集合。

3.3.2　模糊推理与模糊判决

1. 模糊推理

模糊推理是从一种当前状态物理值到规范论域的标度变换，主要包括以下几种。

Zadeh 推理：

$$\mu_{A \to B} = (\mu_A \wedge \mu_B) \vee (1 - \mu_A) \tag{3.23}$$

Mamdani 推理：

$$\mu_{A \to B} = \mu_A \wedge \mu_B \tag{3.24}$$

2. 模糊判决

通过模糊推理得到的结果是一个模糊集合或隶属函数，但在模糊控制系统中，需要一个确定的数值去驱动执行器。在推理得到模糊集合中取一个最能代表这个模糊集合的单值过程称为清晰化或模糊判决。清晰化方法包括重心法、最大隶属度法、隶属度限幅元素平均法。

（1）取模糊隶属函数曲线与横坐标围成面积的重心作为代表点的方法是重心法。

（2）在推理结论的模糊集合中取隶属度最大的那个元素作为输出量的方法是最大隶属度法。

（3）用所确定的隶属度值对隶属函数曲线进行切割，再对切割后等于该隶属度的所有元素进行平均，用这个平均值作为输出执行量的方法是隶属度限幅元素平均法。

3.3.3　模糊控制系统

图3.9给出了模糊控制系统组成。模糊控制器包括模糊化、模糊推理、解模糊和知识库。将给定值和系统输出的反馈送入模糊控制器（FC）后，解算出控制信号，驱动被控对象运动。模糊控制过程包括尺度变换、模糊处理、建立知识库、模糊推理、清晰化。

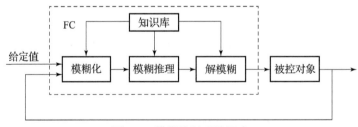

图3.9　模糊控制系统组成

知识库存储有关模糊化、模糊推理、解模糊的一切知识，如模糊化中论域的变换方法、输入变量隶属函数的定义、模糊推理算法、解模糊算法、输出变量各模糊集的隶属函数定义等。知识库分为数据库和规则库。数据库主要包括各语言变量的隶属函数、尺度变换因子及模糊空间的分级数等。规则库包括用模糊语言变量表示的一系列控制规则，它们反映了控制专家的经验和知识。

1. 模糊化

首先，将输入变量由基本论域变换到各自的论域范围。变量作为精确量时，其实际变化范围称为基本论域；变量作为模糊语言变量时，变量范围称为模糊集论域。

若实际的输入量为 x^*，其变化范围（基本论域）为 $\left[x^*_{\min}, x^*_{\max}\right]$，要求的论域范围为 $\left[x_{\min}, x_{\max}\right]$，采用线性变换，则

$$x = \frac{x_{\min} + x_{\max}}{2} + k\left(x^* - \frac{x^*_{\min} + x^*_{\max}}{2}\right), \quad k = \frac{x_{\max} - x_{\min}}{x^*_{\max} - x^*_{\min}} \tag{3.25}$$

若论域是离散的，则需要将连续的论域离散化，示例如表 3.1 所示。

表 3.1　连续输入量离散化示例

量化等级	-6	-5	-4	-3	-2	-1	0	1	2	3	4	5	6
变化范围	≤-5.5	(-5.5, -4.5]	(-4.5, -3.5]	(-3.5, -2.5]	(-2.5, -1.5]	(-1.5, -0.5]	(-0.5, 0.5]	(0.5, 1.5]	(1.5, 2.5]	(2.5, 3.5]	(3.5, 4.5]	(4.5, 5.5]	>5.5

然后，将变换后的、精确的输入量转换为模糊量，并用相应的模糊集表示。由于模糊控制器的输入必须模糊化，因此需要模糊控制器的输入接口。把物理量的清晰值转换成模糊语言变量的过程叫作清晰量的模糊化。其模糊子集通常可以按如下方式划分：

（1）$\{$负大，负小，零，正小，正大$\} = \{NB, NS, ZO, PS, PB\}$。

（2）$\{$负大，负中，负小，零，正小，正中，正大$\} = \{NB, NM, NS, ZO, PS, PM, PB\}$。

（3）$\{$负大，负中，负小，零负，零正，正小，正中，正大$\} = \{NB, NM, NS, NZ, PZ, PS,$ $PM, PB\}$。

模糊分割的个数既决定了模糊控制精细化的程度，也决定了最大可能的模糊规则的个数。例如，对于双输入单输出的模糊关系，若两个输入的模糊分割数分别为 3 和 7，则最大可能的规则数为 21。模糊分割数的确定主要靠经验和试凑。模糊分割数越多，控制规则数就越多，控制就越复杂；若模糊分割数太小，将导致控制太粗，难以对控制性能进行精细的调整。

确定同一模糊变量模糊子集隶属函数的几个原则：论域中的每个点应至少属于一个隶属函数的区域，并应属于不超过两个隶属函数的区域；对于同一个输入，没有两

个隶属函数会同时有最大隶属度；当两个隶属函数重叠时，重合部分任何点的隶属函数的和应该小于等于1。

隶属函数应该具有以下特征（图3.10）：正负两边的图像对称；每个三角形的中心点在论域上均匀分布；每个三角形的底边端点恰好是相邻两个三角形的中心点。

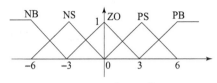

图 3.10 隶属函数

常用的隶属函数有以下几种。

（1）正态分布：

$$\mu = e^{-\frac{(x-a)^2}{b^2}} \tag{3.26}$$

（2）三角形：

$$\mu = \begin{cases} (x-a)/(b-a), & a \leqslant x \leqslant b \\ (c-x)/(c-b), & b \leqslant x \leqslant c \end{cases} \tag{3.27}$$

（3）梯形：

$$\mu = \begin{cases} (x-a)/(b-a), & a \leqslant x \leqslant b \\ 1, & b \leqslant x \leqslant c \\ (d-x)/(d-c), & c \leqslant x \leqslant d \end{cases} \tag{3.28}$$

式中，a, b, c, d——实数。

2. 模糊推理

模糊推理是模糊控制器的核心，它具有模拟人的基于模糊概念的推理能力。模糊控制规则库由一系列"IF – THEN"型模糊条件语句构成。模糊控制规则通常由以下几种方式建立：基于专家经验和控制工程知识；基于操作人员的实际控制过程；基于过程的模糊模型；基于学习。

模糊控制规则的性能要求：对于任意输入，应确保它至少有一个可使用的规则。对于任意输入，模糊控制器均应给出合适的控制输出，这个性质称为完备性。在满足完备性的条件下，尽量取较少的规则数，以简化模糊控制器的设计和实现。对于一组模糊控制规则，不允许出现下面的情况：给定一个输入，结果产生两组不同的（甚至矛盾的）输出。

建立模糊控制规则的基本思路：若被控对象为正作用过程，则被控量随控制量的增大而增大；若被控对象为反作用过程，则被控量随控制量的增大而减小。根据误差为正或负，控制量要随之变化。选择控制量变化的原则：当误差较大或大时，选择控制量应以尽快消除误差为主；当误差较小时，选择控制量要注意防止超调，以保证系统的稳定性。

模糊推理机是模糊控制器的核心。由输入和规则库中的输入输出关系，通过模糊推理方法来得到模糊控制器的输出模糊值。模糊推理算法与很多因素有关，如模糊蕴涵规则、推理合成规则、模糊推理条件语句的连接词和语句之间连接词的定义等。下面以常用推荐推理语句为例，给出几种常用的推理算法。

（1）Mamdani 模糊推理算法：

$$\mu_{c_i'} = \alpha_i \wedge \mu_{c_i} \tag{3.29}$$

$$\mu_{c'} = \mu_{c_1'} \vee \mu_{c_2'} = (\alpha_1 \wedge \mu_{c_1}) \vee (\alpha_2 \wedge \mu_{c_2}) \tag{3.30}$$

（2）Larsen 模糊推理算法：

$$\mu_{c_i'} = \alpha_i \cdot \mu_{c_i} \tag{3.31}$$

$$\mu_{c'} = \mu_{c_1'} \vee \mu_{c_2'} = (\alpha_1 \cdot \mu_{c_1}) \vee (\alpha_2 \cdot \mu_{c_2}) \tag{3.32}$$

（3）Takagi - Sugeno 模糊推理算法：

$$z_0 = \frac{\alpha_1 f_1 + \alpha_2 f_2}{\alpha_1 + \alpha_2} \tag{3.33}$$

（4）Tsukamoto 模糊推理算法：

$$z_0 = \frac{\alpha_1 z_1 + \alpha_2 z_2}{\alpha_1 + \alpha_2} \tag{3.34}$$

3. 解模糊

解模糊是指将模糊推理得到的模糊控制量变换为实际用于控制的清晰量。解模糊包括：将模糊量经清晰化变换转换为论域范围的清晰量；将清晰量经尺度变换转换为实际的控制量。

模糊推理结果为输出论域上的一个模糊集，通过某种解模糊算法，可得到论域上的精确值。解模糊主要使用的算法有平均最大隶属度法、最大隶属度取最小值法、最大隶属度取最大值法、面积平分法和重心法。

3.4　前馈控制

前馈控制属于一种开环控制技术，原始输入指令与前馈控制器进行卷积计算，卷积处理后的指令用来驱动非线性系统运动。从功能上来说，前馈控制器是陷波滤波器或低通滤波器。前馈控制器通常与反馈控制器配合使用，以达到提前滤波的效果。

Input Shaping 和 Command Smoothing 是两种典型的前馈控制技术。

3. 4. 1　Input Shaping

Input Shaping 包括 ZV Shaper、ZVD Shaper、EI Shaper、MEI Shaper、达芬振子 Shaper。

1. ZV Shaper

在平衡点附近，非线性机械系统往往可以简化为一个线性二阶系统。一个线性二阶系统对一系列脉冲激励的响应如下：

$$f(t) = \sum_k \frac{A_k \cdot \omega \cdot e^{-\zeta\omega(t-\tau_k)}}{\sqrt{1-\zeta^2}} \sin\left(\omega\sqrt{1-\zeta^2}(t-\tau_k)\right) \tag{3.35}$$

式中，A_k, τ_k——第 k 个脉冲和其作用时刻；

ω——系统的固有频率；

ζ——阻尼比。

式（3.35）的振幅为

$$A(t) = \frac{\omega}{\sqrt{1-\zeta^2}} e^{-\zeta\omega t} \sqrt{(S(\omega, \zeta))^2 + (C(\omega, \zeta))^2} \tag{3.36}$$

式中，

$$S(\omega, \zeta) = \sum_k A_k \cdot e^{\zeta\omega\tau_k} \sin(\omega\sqrt{1-\zeta^2}\tau_k) \tag{3.37}$$

$$C(\omega, \zeta) = \sum_k A_k \cdot e^{\zeta\omega\tau_k} \cos(\omega\sqrt{1-\zeta^2}\tau_k) \tag{3.38}$$

为了使光滑后的指令和原始指令能驱动机械系统到达同一位置，需要增加一个位置约束来实现单位增益约束要求。单位增益约束即对光滑器积分为 1，表述为

$$\sum_k A_k = 1 \tag{3.39}$$

如果式（3.37）和式（3.38）都为零，那么脉冲序列不会引起系统的残余振动。再增加单位增益约束（式（3.39）），求时间最优解：

$$\begin{bmatrix} A_k \\ \tau_k \end{bmatrix} = \begin{bmatrix} \dfrac{1}{1+K} & \dfrac{K}{1+K} \\ 0 & 0.5T_1 \end{bmatrix} \tag{3.40}$$

式中，T_1——阻尼振荡周期；

$$K = e^{-\pi\zeta/\sqrt{1-\zeta^2}} \tag{3.41}$$

式（3.40）在设计点处具有零残余振动特性，因此被称为 ZV Input Shaper。对任意输入指令，与式（3.40）卷积后驱动非线性机械系统运动，非线性系统的振动都将被抑制为零。

2. ZVD Shaper

为了增加 Input Shaper 对频率和阻尼比建模误差的鲁棒性，式（3.37）和式（3.38）对频率和阻尼比的导数也必须为零。这样，系统固有频率和阻尼的变化对系统残余振动的影响会变小。为了达到这个要求，就必须满足以下约束方程：

$$\sum_k \tau_k A_k \cdot e^{\zeta\omega\tau_k}\sin(\omega\sqrt{1-\zeta^2}\tau_k) = 0 \tag{3.42}$$

$$\sum_k \tau_k A_k \cdot e^{\zeta\omega\tau_k}\cos(\omega\sqrt{1-\zeta^2}\tau_k) = 0 \tag{3.43}$$

如果式（3.37）、式（3.38）都为零，就约束式（3.39）、式（3.42）和式（3.43），求时间最优解：

$$\begin{bmatrix} A_k \\ \tau_k \end{bmatrix} = \begin{bmatrix} \dfrac{1}{(1+K)^2} & \dfrac{2K}{(1+K)^2} & \dfrac{K^2}{(1+K)^2} \\ 0 & 0.5T_1 & T_1 \end{bmatrix} \tag{3.44}$$

式（3.44）在频率设计点处具有零残余振动和零斜率特性，因此被称为 ZVD Input Shaper。

3. EI Shaper

如果式（3.37）和式（3.38）限制为零，那么经过处理后的指令不会引起系统的残余振动。然而，实际系统中往往包含一定程度的不确定性。这些不确定性可能来自系统参数估计不准、时变参量和系统的非线性。因而对实际机械系统而言，处理后的指令驱动非线性系统运动，很难将振动抑制到零。对很多实际应用来说，将振动控制在一定范围内就可以满足需要，即

$$e^{-\zeta\omega\tau_n} \cdot \sqrt{(S(\omega,\zeta))^2 + (C(\omega,\zeta))^2} \leq V_{tol} \tag{3.45}$$

式中，V_{tol}——容许残余振幅；

τ_n——Input Shaper 上升时间。

为了进一步提高对频率变化的不敏感性、提高频率设计点附近的鲁棒性，在频率设计点处，振幅对频率的一阶导数将被约束为零，即

$$S(\omega,\zeta) \cdot \frac{\partial S(\omega,\zeta)}{\partial \omega} + C(\omega,\zeta) \cdot \frac{\partial C(\omega,\zeta)}{\partial \omega} - \zeta\tau_n \cdot [(S(\omega,\zeta))^2 + (C(\omega,\zeta))^2] = 0 \tag{3.46}$$

再增加约束（式（3.45）和式（3.46）），就能将频率鲁棒性范围继续增大，可得 EI Input Shaper：

$$\begin{bmatrix} A_k \\ \tau_k \end{bmatrix} = \begin{bmatrix} A_1 & 1-A_1-A_3 & A_3 \\ 0 & t_2 & T_1 \end{bmatrix} \tag{3.47}$$

式中，

$$A_1 = 0.249\ 7 + 0.249\ 6V_{\text{tol}} + 0.800\ 1\zeta + 1.233V_{\text{tol}}\zeta + 0.496\ 0\zeta^2 + 3.173V_{\text{tol}}\zeta^2 \quad (3.48)$$

$$A_3 = 0.251\ 5 + 0.214\ 7V_{\text{tol}} - 0.832\ 5\zeta + 1.415\ 8V_{\text{tol}}\zeta + 0.851\ 8\zeta^2 + 4.901V_{\text{tol}}\zeta^2$$

$$(3.49)$$

$$t_2 = (0.5 + 0.461\ 6V_{\text{tol}}\zeta + 4.262V_{\text{tol}}\zeta^2 + 1.756V_{\text{tol}}\zeta^3 +$$

$$8.578V_{\text{tol}}^2\zeta - 108.6V_{\text{tol}}^2\zeta^2 + 337V_{\text{tol}}^2\zeta^3)\cdot T_{\text{m}} \quad (3.50)$$

在零阻尼情况下，EI Input Shaper 用下式表示：

$$\begin{bmatrix} A_k \\ \tau_k \end{bmatrix} = \begin{bmatrix} \dfrac{1+V_{\text{tol}}}{4} & \dfrac{1-V_{\text{tol}}}{2} & \dfrac{1+V_{\text{tol}}}{4} \\ 0 & 0.5T_1 & T_1 \end{bmatrix} \quad (3.51)$$

4. MEI Shaper

在频率设计值附近的两个修正频率 $p\cdot\omega$ 和 $q\cdot\omega$ 处，振动被抑制为零，可以增大对频率的不敏感范围。其中，p 和 q 是修正因子。在修正频率处振动为零的约束条件可以表达如下：

$$\sum_k A_k e^{\zeta p\cdot\omega\tau_k}\sin(p\cdot\omega\sqrt{1-\zeta^2}\tau_k) = 0, p \leqslant 1 \quad (3.52)$$

$$\sum_k A_k e^{\zeta p\cdot\omega\tau_k}\cos(p\cdot\omega\sqrt{1-\zeta^2}\tau_k) = 0, p \leqslant 1 \quad (3.53)$$

$$\sum_k A_k e^{\zeta q\cdot\omega\tau_k}\sin(q\cdot\omega\sqrt{1-\zeta^2}\tau_k) = 0, q \geqslant 1 \quad (3.54)$$

$$\sum_k A_k e^{\zeta q\cdot\omega\tau_k}\cos(q\cdot\omega\sqrt{1-\zeta^2}\tau_k) = 0, q \geqslant 1 \quad (3.55)$$

假设修正因子 p 大于 q，在约束条件（式（3.52）~式（3.55））和单位增益约束的作用下，求上升时间最短解，可得 MEI Input Shaper：

$$\begin{bmatrix} A_k \\ \tau_k \end{bmatrix} = \begin{bmatrix} \dfrac{1}{(1+K)^2} & \dfrac{K}{(1+K)^2} & \dfrac{K}{(1+K)^2} & \dfrac{K^2}{(1+K)^2} \\ 0 & \dfrac{T_{\text{m}}}{2q} & \dfrac{T_{\text{m}}}{2p} & \dfrac{T_{\text{m}}}{2q}+\dfrac{T_{\text{m}}}{2p} \end{bmatrix} \quad (3.56)$$

修正因子 p 和 q，通过优化运算可以得到数值解。MEI Shaper 与 EI Shaper 的上升时间和鲁棒性相似，但 MEI Shaper 的最大脉冲幅值大约为 0.25，而 EI Shaper 的最大脉冲幅值大约为 0.5。因此，MEI Shaper 具有更小的冲击，更有利于执行器跟踪处理后的指令，更难以激发出系统的复杂动力学行为和不确定性。

5. 达芬振子 Shaper

达芬振子 Shaper 可以将单模态达芬振子的残余振动限制为零。达芬振子 Shaper 表

达式为

$$s_{SD}(\tau) = \begin{bmatrix} \dfrac{1}{1 + K_5 + K_5^3 + K_5^4} & \dfrac{K_5 + K_5^3}{1 + K_5 + K_5^3 + K_5^4} & \dfrac{K_5^4}{1 + K_5 + K_5^3 + K_5^4} \\ 0 & 0.5T_5 & T_5 \end{bmatrix} \tag{3.57}$$

式中,

$$K_5 = e^{-\pi\zeta/\sqrt{1-\zeta^2}} \tag{3.58}$$

$$T_5 = \frac{2\pi}{\bar{\omega} \cdot \sqrt{1-\zeta^2}} \tag{3.59}$$

达芬振子 Shaper 是多脉冲函数,包含 3 个脉冲,每个脉冲都是达芬振子的非线性频率 $\bar{\omega}$ 和阻尼比 ζ 的函数。当非线性频率和阻尼比准确时,单模态达芬光滑器能将达芬振子近似解的振幅限制为零。达芬振子 Shaper 的传递函数形式为

$$s_{SD}(s) = \frac{1}{1 + K_5 + K_5^3 + K_5^4} + \frac{(K_5 + K_5^3) \cdot e^{-0.5T_5 s}}{1 + K_5 + K_5^3 + K_5^4} + \frac{K_5^4 \cdot e^{-T_5 s}}{1 + K_5 + K_5^3 + K_5^4} \tag{3.60}$$

3.4.2 Command Smoothing

Input Shaper 是一系列脉冲,而 Smoother 是分段连续函数。原始指令被分段连续函数 Smoother 滤波处理后,驱动非线性机械系统运动。Smoother(光滑器)包括一段光滑器、二段光滑器、三段光滑器、四段光滑器和达芬振子光滑器。

1. 一段光滑器

一段光滑器是分段连续函数,带有一个分段。对任意的输入指令,经过一段光滑器滤波处理后,非线性系统的振动都将被抑制为零。其表达式为

$$s_1(\tau) = \begin{cases} u_1 e^{-\zeta\omega\tau}, & 0 \leqslant \tau \leqslant T_1 \\ 0, & \text{其他} \end{cases} \tag{3.61}$$

式中,T_1——阻尼振荡周期,

$$u_1 = \frac{\zeta\omega}{1 - M_1} \tag{3.62}$$

$$M_1 = e^{-2\pi\zeta/\sqrt{1-\zeta^2}} \tag{3.63}$$

一段光滑器是非线性系统固有频率和阻尼比的函数,对应的传递函数为

$$s_1(s) = \frac{\zeta\omega\left(1 - M_1 e^{-2\pi s/(\omega\sqrt{1-\zeta^2})}\right)}{(1 - M_1)(s + \zeta\omega)} \tag{3.64}$$

2. 二段光滑器

二段光滑器是分段连续函数,带有两个分段。二段光滑器具有零振动和零斜率特

性。其表达式为

$$s_2(\tau)=\begin{cases}\tau u_2 e^{-\zeta\omega\tau}, & 0\leqslant\tau\leqslant T_1\\(2T_1-\tau)u_2 e^{-\zeta\omega\tau}, & T_1<\tau\leqslant 2T_1\\0, & \text{其他}\end{cases} \tag{3.65}$$

式中，

$$u_2=\frac{\zeta^2\omega^2}{(1-M_1)^2} \tag{3.66}$$

对应的传递函数为

$$s_2(s)=\frac{\zeta^2\omega^2}{(1-M_1)^2}\cdot\frac{(1-M_1 e^{-T_1 s})^2}{(s+\zeta\omega)^2} \tag{3.67}$$

3. 三段光滑器

三段光滑器是分段连续函数，带有 3 个分段。三段光滑器在频率设计点处具有最大允许振动和零斜率特性，在两个修正频率点处具有零振动特性。其表达式为

$$s_3(\tau)=\begin{cases}\mu_3(e^{-r\zeta_m\omega_m\tau}-e^{-p\zeta_m\omega_m\tau}), & 0\leqslant\tau\leqslant T_1/p\\\mu_3 e^{-r\zeta_m\omega_m\tau}(1-\delta_3), & T_1/p<\tau<T_1/r\\\mu_3(\sigma_3 e^{-p\zeta_m\omega_m\tau}-\delta_3 e^{-r\zeta_m\omega_m\tau}), & T_1/r\leqslant\tau\leqslant T_1/p+T_1/r\\0, & \text{其他}\end{cases} \tag{3.68}$$

式中，

$$\delta_3=e^{2\pi(r/p-1)\zeta_m/\sqrt{1-\zeta_m^2}} \tag{3.69}$$

$$\sigma_3=e^{2\pi(p/r-1)\zeta_m/\sqrt{1-\zeta_m^2}} \tag{3.70}$$

$$\mu_3=\frac{pr\zeta_m\omega_m}{(p-r)\left(1-e^{-2\pi\zeta_m/\sqrt{1-\zeta_m^2}}\right)^2} \tag{3.71}$$

4. 四段光滑器

四段光滑器是分段连续函数，带有 4 个分段。其表达式为

$$s_4(\tau)=\begin{cases}M_4\cdot[(1+\sigma_4)\tau]\cdot e^{-2\zeta_m\omega_m\tau}, & 0\leqslant\tau\leqslant 0.5T_1\\M_4\cdot[(1+\sigma_4+\sigma_4 K_4-K_4)T_1+\\\quad(2K_4-2K_4\sigma_4-\sigma_4-1)\tau]\cdot e^{-2\zeta_m\omega_m\tau}, & 0.5T_1<\tau\leqslant T_1\\M_4\cdot[K_4(3-K_4\sigma_4-3\sigma_4-K_4)T_1+\\\quad K_4(K_4+\sigma_4 K_4+2\sigma_4-2)\tau]\cdot e^{-2\zeta_m\omega_m\tau}, & T_1<\tau\leqslant 1.5T_1\\M_4\cdot[2K_4^2(1+\sigma_4)T_1-K_4^2(1+\sigma_4)\tau]\cdot e^{-2\zeta_m\omega_m\tau}, & 1.5T_1<\tau\leqslant 2T_1\end{cases}$$

$$\tag{3.72}$$

式中，σ_4 为系数；

$$K_4 = e^{2\pi\zeta_m/\sqrt{1-\zeta_m^2}} \tag{3.73}$$

$$M_4 = \zeta_m^2 \omega_m^2 / (1 - K_4^{-1})^2 \tag{3.74}$$

对应的传递函数表达式为

$$\begin{aligned}
s_4(s) = M_4 \cdot \big[(1+\sigma_4) + 2K_4^{-1}(K_4 - \sigma_4 K_4 - 1 - \sigma_4) e^{-0.5T_1 \cdot s} + \\
K_4^{-2}(K_4^2 + \sigma_4 K_4^2 - 4K_4 + 4\sigma_4 K_4 + 1 + \sigma_4) e^{-T_1 s} + 2K_4^{-2}(-K_4 - \\
\sigma_4 K_4 + 1 - \sigma_4) e^{-1.5T_1 s} + K_4^{-2}(1+\sigma_4) e^{-2T_1 s} \big] \cdot (s + 2\zeta_m \omega_m)^{-2}
\end{aligned} \tag{3.75}$$

5. 达芬振子光滑器

很多非线性机械系统（如梁）是多模态的达芬振子。达芬振子光滑器可以抑制全部模态的达芬振子。达芬振子光滑器是四分段连续函数。其表达式为

$$s_{MD}(\tau) = \begin{cases}
M_5 \cdot \tau \cdot e^{-2\zeta\bar{\omega}\tau}, & 0 \leqslant \tau \leqslant 0.5T_5 \\[2mm]
M_5 \cdot \big[(-0.5K_5^{-1} + 1 - 0.5K_5)T_5 + \\
\quad (K_5^{-1} - 1 + K_5)\tau \big] \cdot e^{-2\zeta\bar{\omega}\tau}, & 0.5T_5 \leqslant \tau \leqslant T_5 \\[2mm]
M_5 \cdot \big[(1.5K_5^{-1} - 1 + 1.5K_5)T_5 + \\
\quad (-K_5^{-1} + 1 - K_5)\tau \big] \cdot e^{-2\zeta\bar{\omega}\tau}, & T_5 \leqslant \tau \leqslant 1.5T_5 \\[2mm]
M_5 \cdot (2T_5 - \tau) \cdot e^{-2\zeta\bar{\omega}\tau}, & 1.5T_5 \leqslant \tau \leqslant 2T_5
\end{cases} \tag{3.76}$$

式中，

$$M_5 = \frac{4\zeta^2 \cdot \bar{\omega}^2}{(1 + K_5 + K_5^3 + K_5^4)(1 - 2K_5^2 + K_5^4)} \tag{3.77}$$

系数 K_5 和 T_5 由式（3.58）和式（3.59）给出。对应的传递函数可以表示为

$$\begin{aligned}
s_{MD}(s) = \frac{M_5}{(s + 2\zeta\bar{\omega})^2} \cdot \big[1 + (K_5 - 2K_5^2 + K_5^3) \cdot e^{-0.5T_5 s} + (-2K_5^3 + 2K_5^4 - 2K_5^5) \cdot \\
e^{-T_5 s} + (K_5^5 - 2K_5^6 + K_5^7) \cdot e^{-1.5T_5 s} + M_5 K_5^8 \cdot e^{-2T_5 s} \big]
\end{aligned} \tag{3.78}$$

第4章

柔性机械臂①控制应用实例

轻型机器人和航天应用促使柔性机械臂得到广泛研究。但是，操作者驱动指令会引起柔性机械臂振动，这种振动会降低柔性机械臂的位置精度、驱动速度和安全性。因此，为柔性机械臂设计振动控制方法很有必要。

4.1 线性动力学

目前，对柔性机械臂进行动力学建模与分析已得到了广泛关注。动力学分析表明，单连杆机械臂包括无穷个振动模态。第 1 模态是主振模态，高模态可能还有一些效果。因此，设计控制器来抑制全部振动模态的振动很有必要。

柔性机械臂振动控制方法分为两类：反馈控制方法；开环控制方法。反馈控制方法在闭环回路中通过测量柔性连杆的振动状态来实现振动控制，包括 PID 控制、延迟反馈控制、位置反馈控制、线性二次型调节器、自适应控制、滑模控制、模糊控制和人工神经元网络控制。开环控制方法通过对原始驱动指令滤波处理来产生最优轨迹，以获得最小振动，包括最优路径规划和 Input Shaping。

柔性机械臂是一个具有无穷模态的复杂系统，针对它的振动控制问题，学者们已提出了许多闭环控制方法和开环控制方法，也取得了较好的控制效果。但是这些学者都重点研究如何抑制第 1 模态的振动。虽然第 1 模态是基础，但是高模态在某些情况下对系统的动力学也有较大影响，并且高模态的频率不易准确测量，超出了传统的传感器和执行器的高模频率不能被反馈控制器抑制。常用的 Input Shaper 大都针对单模态的振动抑制问题，对于无穷模态的系统的控制效果不太理想。基于前面学者遇到的问

---

① 本书中的柔性机械臂均指柔性连杆机械臂。

题，本节建立了柔性机械臂无穷模态的动力学模型，并设计了一个控制器，能有效地抑制柔性机械臂所有模态的振动。

4.1.1　动力学

图 4.1 所示为单连杆柔性机械臂的物理模型，旋转驱动轮毂输入的转角为 θ，连接机械臂和驱动装置的柔性梁的长度为 l_b，并支承质量为 m_p 的负载。理想情况下，梁和负载的位置响应为 θ，弯曲变形量为 w，然而这种轻量化的柔性结构经常会带来一些不需要的振动而影响梁和负载的位置响应精度。

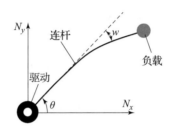

图 4.1　单连杆柔性机械臂的物理模型

模型的输入为角加速度，其输出为从驱动轮毂到梁上位置 x 处的挠度 $w(x,t)$。为了简化模型，对模型进行如下假设：

（1）假设驱动轮毂的基座有较大的惯性，柔性梁和负载的振动对驱动轮毂的影响可忽略不计。

（2）假设端部负载质量集中于质心，将其看成无体积的质点。

（3）忽略模态之间的耦合。

基于上述假设，由牛顿－欧拉方法，可以得到梁上微元 dx 的力学方程：

$$\rho dx \frac{\partial^2 w(x,t)}{\partial t^2} + \rho dx \cdot x \ddot{\theta}(t) + dV(x,t) = 0 \tag{4.1}$$

式中，ρ——梁的线质量密度；

　　$V(x,t)$——梁上 x 位置处的剪切力。

微元的力矩方程为

$$dM(x,t) - V(x,t) \cdot dx - dV(x,t) \cdot dx - \rho dx \cdot x \cdot \ddot{\theta}(t) \cdot \frac{1}{2} dx = 0 \tag{4.2}$$

式中，$M(x,t)$——梁上 x 位置处的弯矩。

由梁的弯曲基本理论，可以将梁的弯矩表示为

$$M(x,t) = EI \frac{\partial^2 w(x,t)}{\partial x^2} \tag{4.3}$$

式中，E——杨氏模量；

    I——沿横截面的惯性矩。

将式（4.2）、式（4.3）代入式（4.1），并忽略 $\mathrm{d}x$ 的高阶项，可得

$$EI \frac{\partial^4 w(x,t)}{\partial x^4} + \rho \frac{\partial^2 w(x,t)}{\partial t^2} = -\rho \cdot x \cdot \ddot{\theta}(t) \qquad (4.4)$$

单连杆柔性机械臂的边界条件可以表示为

$$w(x,t) \big|_{x=0} = 0 \qquad (4.5)$$

$$\frac{\partial w(x,t)}{\partial x} \bigg|_{x=0} = 0 \qquad (4.6)$$

$$\frac{\partial^2 w(x,t)}{\partial x^2} \bigg|_{x=l_\mathrm{b}} = 0 \qquad (4.7)$$

$$\frac{\partial}{\partial x}\left(EI \frac{\partial^2 w(x,t)}{\partial x^2}\right) \bigg|_{x=l_\mathrm{b}} = m_\mathrm{p} \frac{\partial^2 w(x,t)}{\partial t^2} \bigg|_{x=l_\mathrm{b}} \qquad (4.8)$$

其中，边界条件（式（4.5）和式（4.6））表明在驱动轮毂处梁的挠度为零，并且挠度函数对位置的偏微分也为零，而式（4.7）和式（4.8）表示梁端部的弯矩和剪切力满足的边界条件。柔性机械臂由驱动命令引起的振动可以通过模态叠加的方法来决定。在这种情况下，梁的挠度可以表示为各模态的线性叠加：

$$w(x,t) = \sum_{k=1}^{+\infty} \varphi_k(x) \cdot q_k(t) \qquad (4.9)$$

式中，$\varphi_k(x)$——模型的第 k 模态的振型函数；

    $q_k(t)$——相应的时间函数。

通过求解式（4.5）~式（4.9），可以得到振型函数：

$$\varphi_k(x) \big|_{x=0} = 0 \qquad (4.10)$$

$$\frac{\partial \varphi_k(x)}{\partial x} \bigg|_{x=0} = 0 \qquad (4.11)$$

$$\frac{\partial^2 \varphi_k(x)}{\partial x^2} \bigg|_{x=l_\mathrm{b}} = 0 \qquad (4.12)$$

$$EI \frac{\partial^3 \varphi_k(x)}{\partial x^3} \bigg|_{x=l_\mathrm{b}} + m_\mathrm{p} \omega_k^2 \varphi_k(x) \big|_{x=l_\mathrm{b}} = 0 \qquad (4.13)$$

式中，ω_k——第 k 模态的频率。

解式（4.10）~式（4.13），产生自然频率 ω_k 和振型函数 $\varphi_k(x)$：

$$\omega_k = (\beta_k l_\mathrm{b})^2 \sqrt{\frac{EI}{\rho l_\mathrm{b}^4}} \qquad (4.14)$$

式中，

$$\cos(\beta_k l_{\mathrm{b}})\cosh(\beta_k l_{\mathrm{b}}) + 1 = h \cdot \beta_k l_{\mathrm{b}} \cdot (\sin(\beta_k l_{\mathrm{b}})\cosh(\beta_k l_{\mathrm{b}}) - \cos(\beta_k l_{\mathrm{b}})\sinh(\beta_k l_{\mathrm{b}}))$$

(4.15)

$$\varphi_k(x) = C\phi_k(x)$$

(4.16)

式中，C——常数；

h——负载质量和梁的质量之比；

β_k——参数，由于具有非线性，因此很难求得其解析解，但通过其他已知参数能求得它的数值解；

$$\phi_k(x) = \sin(\beta_k x) - \sinh(\beta_k x) - r\cos(\beta_k x) + r\cosh(\beta_k x)$$

(4.17)

$$r = \frac{\sin(\beta_k l_{\mathrm{b}}) + \sinh(\beta_k l_{\mathrm{b}})}{\cos(\beta_k l_{\mathrm{b}}) + \cosh(\beta_k l_{\mathrm{b}})}$$

(4.18)

将式（4.9）代入式（4.4），然后忽略模态之间的耦合项，得到

$$EI\sum_{k=1}^{+\infty}\left(\frac{\partial^4 \varphi_k(x)}{\partial x^4}q_k(t)\right) + \rho\sum_{k=1}^{+\infty}\left(\varphi_k(x)\frac{\partial^2 q_k(t)}{\partial t^2}\right) = -\rho x\ddot{\theta}(t)$$

(4.19)

将式（4.19）两边同时乘以 $\varphi_k(x)$，然后对其在 $0 \leqslant x \leqslant l_{\mathrm{b}}$ 上进行积分处理，有

$$\frac{\partial^2 q_k(t)}{\partial t^2} + \omega_k^2 q_k(t) = -\frac{\gamma_k}{C\alpha_k}\ddot{\theta}(t)$$

(4.20)

式中，

$$\gamma_k = \int_{x=0}^{l_{\mathrm{b}}} x\phi_k(x)\,\mathrm{d}x$$

(4.21)

$$\alpha_k = \int_{x=0}^{l_{\mathrm{b}}} \phi_k(x)\phi_k(x)\,\mathrm{d}x$$

(4.22)

对式（4.20）加入比例阻尼项，可以得到近似的响应方程，为

$$\frac{\partial^2 q_k(t)}{\partial t^2} + 2\zeta_k\omega_k\frac{\partial q_k(t)}{\partial t} + \omega_k^2 q_k(t) = -\frac{\gamma_k}{C\alpha_k}\ddot{\theta}(t)$$

(4.23)

式中，ζ_k——第 k 模态的阻尼比。

该模型（式（4.23））包含了无穷个简谐振子的模型。它的时间响应可以近似表示为其中每个简谐振子响应的线性叠加。连杆变形在 x 处的传递函数为

$$w_x(s) = \sum_{k=1}^{+\infty}\frac{-\phi_k(x)\cdot\gamma_k}{\alpha_k(s^2 + 2\zeta_k\omega_k s + \omega_k^2)}\cdot\ddot{\theta}(s)$$

(4.24)

选用梯形速度命令作为驱动柔性梁转动的驱动命令，根据实验台的具体参数选取的仿真参数如表4.1所示，仿真选取前 10 个模态。

表 4.1　模型仿真参数

名称	数值大小
杨氏模量 E/MPa	2.06×10^5
惯性矩 I/mm^4	3.449
梁的线质量密度/(kg·m^{-1})	0.314 3
阻尼比	0.06
最大驱动角速度/[(°)·s^{-1}]	10
最大驱动角加速度/[(°)·s^{-2}]	100

在振动研究过程中，常关注其两个振动指标，即瞬态振幅和残余振幅，其中瞬态振幅为驱动时间内系统振动的最大振幅与最小振幅之间的差值，残余振幅则表征驱动结束后系统振动的最大振幅与最小振幅之间的差值。图 4.2 所示为驱动角位移为 30°的仿真响应，驱动器驱动时间段为 0～3 s，在 3 s 处停止驱动，测得系统的瞬态振幅为31.2 mm，残余振幅大小为 46.1 mm。

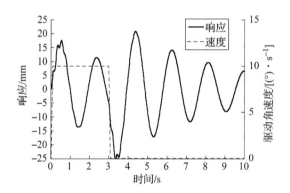

图 4.2　驱动角位移为 30°的仿真响应

为了更好地表现高模态的动力学现象，接下来给出高模态动力学的仿真曲线。图 4.3 所示为当驱动角位移、梁的长度、质量比分别选取为 19°、95 cm、0.5 时，第 1模态频率激励的残余振幅和高模态频率激励的残余振幅随着梁上归一化位置 x/l_b 的变化而变化的曲线。从图 4.3 中可以看到，第 1 模态频率激励的残余振幅的大小随着归一化位置的增加而增加，即第 1 模态频率激励的残余振幅的大小从梁的根部到梁的端部逐渐增加。高模态频率激励的残余振幅的大小则呈现不一样的变化规律，高模态频率激励的残余振幅的大小一开始随着归一化位置的增加而增加，到达中部位置附近达到最大值，然后随着归一化位置的增加而减小，到达接近端部时接近零然后又开始增加。

图中数据显示，第 1 模态频率在中部激励的残余振幅为 9.84 mm，而高模态频率在梁的中间位置激励的残余振幅为 4.43 mm。从数值方面可以看出，当研究的测量点选取梁的中部时，高模态频率激励的振动较大，不能被忽略。

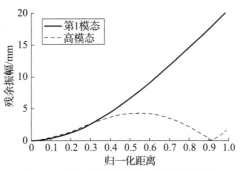

图 4.3　归一化距离对残余振幅的影响

图 4.4 所示为归一化距离、梁的长度、负载质量比分别选取为 0.5、95 cm、0.5 时，第 1 模态频率激励的残余振幅和高模态频率激励的残余振幅随着驱动距离变化而变化的图像。从图 4.4 中可以看出，第 1 模态频率和高模态频率在梁的中部激励的残余振幅都随着驱动距离的变化而呈现波峰和波谷交替出现的图形。这是因为，梯形速度命令驱动的加速位置和减速位置的不同导致激励的振动波形叠加位置变化：当刚好处在波形振动方向一致时，就会叠加出现波峰；当刚好处在波形振动方向相反时，就会相消出现波谷。图中第 1 模态频率激励的波峰和波谷交替出现的次数明显比高模态频率激励的波峰和波谷交替出现的次数少，这是因为高模态频率要远高于第 1 模态频率。图中数据显示，第 1 模态频率激励的平均残余振幅为 32.9 mm，高模态频率激励的平均残余振幅为 4.3 mm，此时高模态频率激励的残余振幅对系统激励的残余振幅贡献比为 13.1%，所以在这种情况下，高模态对系统的动力学有一定影响，不能被忽略。

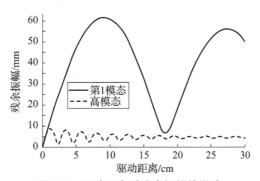

图 4.4　驱动距离对残余振幅的影响

图 4.5 所示为归一化位置选取为梁的中部、驱动角位移为 19°、负载质量比为 0.5 时，第 1 模态频率激励的残余振幅和高模态频率激励的残余振幅随着连杆的长度变化

而变化的图像。从图 4.5 中可以看出，第 1 模态频率和高模态激励的残余振幅都随着杆长的变化呈现波峰和波谷交替出现的图形，但整体上呈逐步增加的趋势，这主要是杆长的变化引起系统第 1 模态频率的变化：当频率刚好使驱动命令开始加速和开始制动时，若激励的两个波形相互叠加则出现波峰，若相互抵消则出现波谷。高模态频率激励的残余振幅随着梁的长度增加而增加，这也从另一方面说明，当梁的长度较长时，高模态频率激励的残余振动也比较大，从而对系统的动力学有一定的影响。

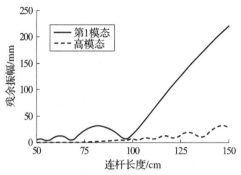

图 4.5　连杆长度对残余振幅的影响

图 4.6 所示为归一化位置选取为梁的中部、驱动角位移为 19°、梁的长度为 95 cm 时，第 1 模态频率激励的残余振幅和高模态频率激励的残余振幅随着负载质量比的变化而变化的图像。从图 4.6 中可以看出，当负载质量比不超过 0.5 时，第 1 模态频率激励的残余振幅随着负载质量比的增加而减小；而当负载质量比超过 0.5 后，继续提高负载质量比，第 1 模态频率激励的残余振幅会随之增加。相比第 1 模态，高模态频率激励的残余振幅随着负载质量比的提高而产生的变化很平缓，即负载质量比对高模态频率激励的残余振幅的影响不大。

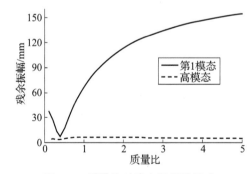

图 4.6　质量比对残余振幅的影响

综上，仿真结果表明，当梁的长度很长或测量关注的点选取为梁的中部时，高模态频率激励的振动对系统的动力学有很大影响，不能被忽略。因此，设计一种控制策略来有效抑制所有模态振动是非常有必要的。

4.1.2　仿真

本节将第 2 章介绍的四段光滑器用于控制柔性机械臂的无穷模态振动，对四段光滑器用第 1 模态频率进行设计。但是，第 1 模态频率在某些特殊情况下可能不是已知的或者时刻变化。因此，本节将研究四段光滑器对第 1 模态频率模型误差的鲁棒性。

图 4.7 给出了当连杆长度变化时仿真残余振幅的结果，归一化位置选取为梁的中部，驱动角位移为 19°，质量比为 0.5。四段光滑器设计对应着负载长度固定为 125 cm 的情况，但真实连杆是 100～150 cm。在 100～125 cm 范围内，四段光滑器抑制第 1 模态振动到近零值，这是低通滤波的效果。随着连杆长度从 125 cm 逐渐增大，第 1 模态残余振幅快速增长，这是因为光滑器在低频段具有较窄的频率不敏感区间。在全部连杆长度上，光滑器消减高模态振动到近零值，这是由于四段光滑器具有低通滤波的特性。

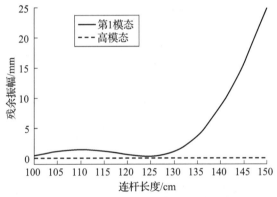

图 4.7　连杆长度对残余振幅的影响

4.1.3　实验

图 4.8 所示为购置于加拿大 Quanser 公司的一自由度柔性机械臂实验测试装置。带编码器的 SRV02 驱动装置固定在柔性连杆的一端，柔性连杆的另一端支承一个大小和体积不计的负载。控制系统的硬件包括一台用于程序开发和呈现用户界面的计算机、一个连接计算机和功率放大器的运动控制卡。实验选用连杆的长度为 950 mm、宽度为 39 mm、厚度为 1.02 mm，将一个网球作为负载连接在连杆的末端，负载的质量为 121 g。将一些配重块压在 SRV02 驱动装置基座上以增加其惯性，从而使负载及连杆的振动对驱动装置的影响降到最低。将一台摄像机架设在连杆和驱动装置固结的上方，用来实时检测中部黑色标记和连杆上负载的运动轨迹，检测的结果是中部黑色标记的响应。实验测得的第 1 模态频率和阻尼比分别为 3.35 rad/s 和 0.06。

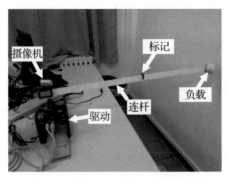

图 4.8   单连杆柔性机械臂

图 4.9 所示为该系统的控制流程框图，操作人员用软件产生一个原始的梯形速度驱动命令，通过控制接口通信。原始命令被送入计算机中的 MATLAB 脚本文件，然后应用于四段光滑器进行处理，生成驱动命令来驱动轮毂带动柔性连杆转动。将质量比 c 和梁的长度 l_b 作为估计系统设计频率 ω_m 的参数。

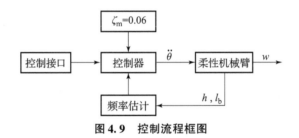

图 4.9   控制流程框图

ζ_m—阻尼比；$\ddot{\theta}$—驱动加速度；w—弯曲变形量；h—质量比；l_b—连杆长度

图 4.10 所示为在不同驱动角位移下，残余振幅的仿真和实验曲线。在无控制情况下，随着驱动角位移变化，仿真和实验结果呈现基本一致的波峰和波谷交替出现的情况，这也从另一方面说明了该模型的正确性。因为实验的频率和设计频率都为 3.35 rad/s，

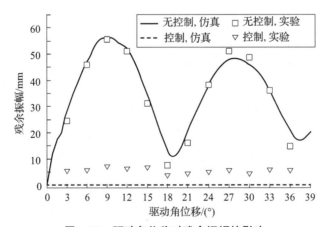

图 4.10   驱动角位移对残余振幅的影响

阻尼比为 0.06，所以四段光滑器都能够抑制残余振幅到很低的水平。但是从图中可以看出，光滑器控制下的实验效果比仿真效果要差一些，这主要是因为实验测得的系统第 1 模态频率和阻尼存在小的误差以及系统存在一些不确定性因素。尽管如此，实验的结果和仿真结果呈现相同的趋势，数值也相差不大，这充分证明了动力学行为和光滑器控制效果的有效性。

另一组实验探索频率设计误差对控制效果的影响，分析在驱动角位移为 24° 的情况下，振动控制实验响应随着频率设计误差变化的对比结果。图 4.11 所示为设计频率存在小误差情况下的振动控制效果对比。在无控制情况下，瞬态振幅为 30.3 mm，残余振幅为 38.2 mm。光滑器作用下，瞬态振幅和残余振幅分别为 8.7 mm 和 4.6 mm。四段光滑器在小频率设计误差情况下取得了很好的振动控制效果。

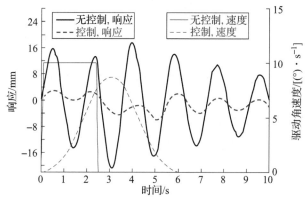

图 4.11　频率模型在小误差情况下的实验响应（附彩图）

图 4.12 所示为频率存在负向误差情况下的控制效果对比，此时实验的设计频率为 6.7 rad/s（相当于归一化频率 0.5）。光滑器作用下的瞬态振幅和残余振幅分别为 14.4 mm 和 12.2 mm。由此可以看出，残余振幅相对较大，这是因为光滑器对负向频率误差（低频段）比较敏感。

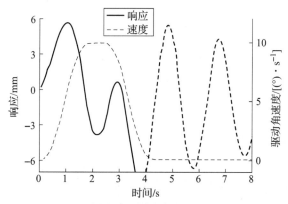

图 4.12　频率模型在负误差情况下的实验响应

图 4.13 所示为频率存在正向误差情况下的控制效果对比。此时实验的设计频率为 1.675 rad/s（相当于归一化频率 2）。光滑器作用下的瞬态振幅和残余振幅分别为 4.7 mm 和 1.7 mm。光滑器能将残余振幅抑制到很低，主要是因为低通滤波特性，并且光滑器对正向频率误差（高频段）具有较宽的频率不敏感范围。

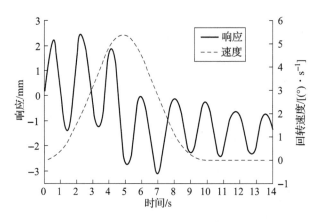

图 4.13　频率模型在正误差情况下的实验响应

从图 4.11 ~ 图 4.13 的实验结果可以明显看出，四段光滑器对频率设计误差具有较好的鲁棒性。实验的结果也证明了四段光滑器能够有效抑制柔性机械臂的振动，并且在较宽的频率误差情况下仍能呈现较强的鲁棒性。

4.2　达芬振子动力学

达芬振子广泛应用于多种类型的机械系统，包括摆动、梁、绳和非线性隔振装置。多种方法被用于控制达芬振子，包括时滞反馈控制、线性和非线性复合控制、状态反馈控制、最优多项式控制和滑模控制。上述给出的闭环控制系统方法应用于柔性机械臂负载振动中也存在一些问题，比如精确感知负载的振动是一个难题，传感器的检测误差对控制器的控制效果影响很大。此外，如果选取高精度的传感器，则必然增加相应的应用成本；在实际应用中，传感器的安装、固定等问题也限制了闭环控制方法的广泛使用。

4.2.1　动力学

式（4.1）仍然可以描述此种情况下的力平衡。同样，力矩平衡也可以用式（4.2）描述。由梁的弯曲基本理论可以将梁的弯矩表示为

$$M(x,t) = EI \cdot \frac{\dfrac{\partial^2 w(x,t)}{\partial x^2}}{\left[1 + \left(\dfrac{\partial w(x,t)}{\partial x}\right)^2\right]^{\frac{3}{2}}} \tag{4.25}$$

式中，E——杨氏模量；

I——沿横截面的惯性矩。

对式（4.25）进行泰勒展开，然后忽略高阶项，得到

$$M(x,t) = EI \cdot \frac{\partial^2 w(x,t)}{\partial x^2} \cdot \left[1 - 1.5\left(\frac{\partial w(x,t)}{\partial x}\right)^2\right] \tag{4.26}$$

将式（4.26）代入式（4.2），然后代入式（4.1），接着忽略 dx 的高阶成分，得到

$$EI\frac{\partial^4 w(x,t)}{\partial x^4} - 1.5EI\frac{\partial^2\left[\frac{\partial^2 w(x,t)}{\partial x^2}\left(\frac{\partial w(x,t)}{\partial x}\right)^2\right]}{\partial x^2} + \rho\frac{\partial^2 w(x,t)}{\partial t^2} = -\rho x \cdot a(t) \tag{4.27}$$

式中，$a(t)$——驱动角加速度。

单连杆柔性机械臂的边界条件可以表示为

$$w(x,t)\,\big|_{x=0} = 0 \tag{4.28}$$

$$\frac{\partial w(x,t)}{\partial x}\,\bigg|_{x=0} = 0 \tag{4.29}$$

$$\frac{\partial^2 w(x,t)}{\partial x^2}\,\bigg|_{x=l_{\mathrm{b}}} = 0 \tag{4.30}$$

$$\frac{\partial}{\partial x}\left(EI\frac{\partial^2 w(x,t)}{\partial x^2}\right)\bigg|_{x=l_{\mathrm{b}}} = m_{\mathrm{p}}\frac{\partial^2 w(x,t)}{\partial t^2}\,\bigg|_{x=l_{\mathrm{b}}} \tag{4.31}$$

其中，式（4.28）表示梁的挠度在驱动轮毂处为零；式（4.29）表示挠度函数对位置的偏微分为零；式（4.30）表示梁端部的弯矩为零；式（4.31）表示梁端部的剪切力满足的边界条件。

柔性机械臂由驱动命令引起的振动可以通过模态叠加的方法决定，在这种情况下，梁的挠度可以表示为各模态的线性叠加，即

$$w(x,t) = \sum_{k=1}^{+\infty} \phi_k(x) \cdot q_k(t) \tag{4.32}$$

式中，$\phi_k(x)$——模型的第 k 模态的振型函数；

$q_k(t)$——相应的时间函数。

求解式（4.28）~式（4.32），可以得到系统的线性频率 ω_k 和振型函数 $\phi_k(x)$：

$$\omega_k = \beta_k^2 \cdot \sqrt{\frac{EI}{\rho}} \tag{4.33}$$

$$\cos(\beta_k l_{\mathrm{b}}) \cosh(\beta_k l_{\mathrm{b}}) + 1 = h \cdot \beta_k l_{\mathrm{b}}(\sin(\beta_k l_{\mathrm{b}}) \cosh(\beta_k l_{\mathrm{b}}) - \cos(\beta_k l_{\mathrm{b}}) \sinh(\beta_k l_{\mathrm{b}}))$$

$$\tag{4.34}$$

$$\phi_k(x) = \sin(\beta_k x) - \sinh(\beta_k x) - r\cos(\beta_k x) + r\cosh(\beta_k x) \tag{4.35}$$

$$r = \frac{\sin(\beta_k l_{\mathrm{b}}) + \sinh(\beta_k l_{\mathrm{b}})}{\cos(\beta_k l_{\mathrm{b}}) + \cosh(\beta_k l_{\mathrm{b}})} \tag{4.36}$$

式中，ω_k——第 k 模态的自然频率。

将式（4.32）代入式（4.27），然后忽略模态之间的耦合项，可得

$$\rho \sum_{k=1}^{+\infty} \left(\phi_k \frac{\mathrm{d}^2 q_k}{\mathrm{d}t^2} \right) + EI \sum_{k=1}^{+\infty} \left(\frac{\mathrm{d}^4 \phi_k}{\mathrm{d}x^4} q_k \right) - 1.5EI \sum_{k=1}^{+\infty} \left[\frac{\mathrm{d}^2 \left(\frac{\mathrm{d}^2 \phi_k}{\mathrm{d}x^2} \left(\frac{\mathrm{d}\phi_k}{\mathrm{d}x} \right)^2 \right)}{\mathrm{d}x^2} q_k^3 \right] = -\rho x \cdot a(t)$$

$$\tag{4.37}$$

等式两边同时乘以 $\phi_k(x)$，然后对其在 $0 \leqslant x \leqslant l_{\mathrm{b}}$ 上进行积分处理，有

$$\frac{\mathrm{d}^2 q_k}{\mathrm{d}t^2} + \omega_k^2 q_k + e_k \omega_k^2 q_k^3 = -\gamma_k \cdot a(t), \quad \omega_k > 0 \tag{4.38}$$

式中，e_k——第 k 模态的非线性刚度系数，

$$e_k = \frac{-1.5 \int_{x=0}^{l_{\mathrm{b}}} \frac{\mathrm{d}^2 \left(\frac{\mathrm{d}^2 \phi_k}{\mathrm{d}x^2} \left(\frac{\mathrm{d}\phi_k}{\mathrm{d}x} \right)^2 \right)}{\mathrm{d}x^2} \phi_k \mathrm{d}x}{\int_{x=0}^{l_{\mathrm{b}}} \frac{\mathrm{d}^4 \phi_k}{\mathrm{d}x^4} \phi_k \mathrm{d}x} \tag{4.39}$$

γ_k——参数，

$$\gamma_k = \frac{\int_{x=0}^{l_{\mathrm{b}}} x\phi_k \mathrm{d}x}{\int_{x=0}^{l_{\mathrm{b}}} \phi_k \phi_k \mathrm{d}x} \tag{4.40}$$

对式（4.38）加入比例阻尼项，可以得到近似的响应方程：

$$\frac{\mathrm{d}^2 q_k}{\mathrm{d}t^2} + 2\zeta_k \omega_k \frac{\mathrm{d}q_k(t)}{\mathrm{d}t} + \omega_k^2 q_k + e_k \omega_k^2 q_k^3 = -\gamma_k \cdot a(t), \quad \omega_k > 0, \zeta_k \geqslant 0 \tag{4.41}$$

式中，ζ_k——第 k 模态的阻尼比。

式（4.41）是包含了无穷个达芬振子的模型，它的时间响应可以近似表示为其中每个达芬振子响应的线性叠加。

为了验证模型的正确性以及研究模型的动力学特性，本节做如下仿真和实验。表4.2 所示为模型选取的仿真参数，轮毂的驱动命令选取为梯形速度命令，选取了模型的前 4 个模态，并给出了驱动角位移为 54°时的仿真和实验对比，如图 4.14 所示。从图中可以看出，线性模型和非线性达芬模型的响应曲线和实验响应曲线有着相近的变化趋势，但是非线性达芬模型的响应曲线和实验的响应曲线更为接近。其中，轮毂的驱动时间段为 0 ~ 2.7 s，实验响应的瞬态振幅为 186.1 mm，残余振幅为 338.7 mm。该曲线证明了本节建立的达芬模型的正确性，并且模型比线性模型更加精确。

表 4.2　模型仿真参数

名称	数值
杨氏模量 E/MPa	2.06×10^5
惯性矩 I/mm^4	3.449
梁的线质量密度/$(\mathrm{kg} \cdot \mathrm{m}^{-1})$	0.314 3
梁的长度/cm	95
负载质量比	0.5
阻尼比	0.03
最大驱动角速度/$[(°) \cdot \mathrm{s}^{-1}]$	20
最大驱动角加速度/$[(°) \cdot \mathrm{s}^{-2}]$	200

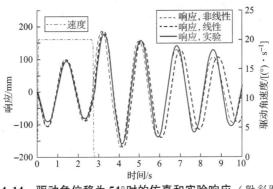

图 4.14　驱动角位移为 54°时的仿真和实验响应（附彩图）

图 4.15 所示为第 1 模态非线性刚度系数作为负载质量比和连杆长度的变化。从图中可以看出，随着连杆长度的增加，非线性刚度系数的幅值大小减小，且当负载质量比小于 0.07 时，非线性刚度系数一直为负值，此时表现为软弹簧的性质；当负载质量比大于 0.07 时，非线性刚度系数为正值，此时表现为硬弹簧的性质。非线性刚度系数随着负载质量比的提高而增加，在负载质量比达到 1.16 时增加到最大值，然后随着负

载质量比的下降而减小。

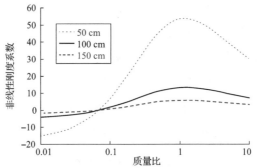

图 4.15 第 1 模态非线性刚度系数随负载质量比和连杆长度的变化（附彩图）

4.2.2 实验

图 4.16 所示为单连杆柔性机械臂实验台，实验选用连杆的长度为 950 mm、宽度为 39 mm、厚度为 1.02 mm，将一个网球作为负载连接在连杆的末端，负载的质量为 121 g。将一些配重块放置于驱动装置的基座上，以增大基座的惯性，从而减小连杆和负载的振动对基座的影响；将一台摄像机放置于驱动装置的基座上方，用于检测负载的实时轨迹。实验测得的第 1 模态频率和阻尼比分别为 3.35 rad/s 和 0.03。

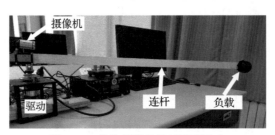

图 4.16 单连杆柔性机械臂实验台

图 4.17 所示为实验的控制流程框图，控制接口产生梯形速度命令，然后经过单模态达芬光滑器或者多模态达芬光滑器的处理产生一个驱动的加速度 a 来驱动轮毂转动。负载质量比 c 和梁的长度 l_b 通过式（4.33）来估计第 1 模态线性频率 ω_1。第 1 模态的非线性刚度系数 e_1 和时间函数 q_1 分别通过式（4.39）和式（4.41）求得。由此求得非线性频率，然后作用于控制器单模态达芬光滑器和多模态达芬光滑器。

图 4.18 所示为驱动角位移为 42°时，单模态和多模态达芬光滑器的实验响应对比。单模态和多模态达芬光滑器作用下的瞬态振幅分别为 60.4 mm 和 34.8 mm，残余振幅分别为 14.11 mm 和 3.7 mm。这两种达芬光滑器都将振动抑制到很低程度，但是多模态达芬光滑器比单模态达芬光滑器消减了更多的振动。

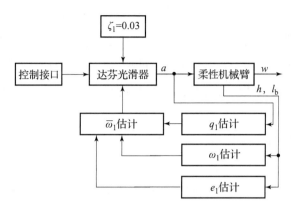

图 4.17　控制流程框图

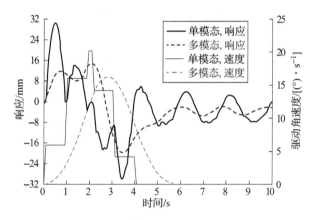

图 4.18　驱动角位移为 42°时的实验响应（附彩图）

　　为了验证控制器对不同的驱动角位移都有很好的振动抑制效果，本节做了不同驱动角位移下的仿真和实验，如图 4.19 所示，驱动角位移的选取范围为 27°~66°，设计频率和阻尼比分别为 3.35 rad/s 和 0.03。在无控制情况下，仿真和实验的曲线贴合得

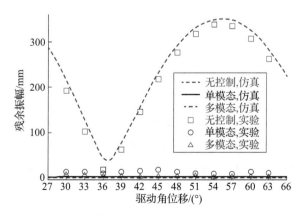

图 4.19　驱动角位移对残余振幅的影响（附彩图）

很好。因为频率和阻尼比设计是按照系统的真实频率近似给定的，所以两个控制器都能将残余振幅抑制到很小的范围。但是，在单模态和多模态达芬光滑器作用下，实验结果相比仿真结果要差一些，这主要是因为频率和阻尼在计算时存在一定的误差。总的来说，实验结果和仿真结果有着相同的变化趋势，这个结果也验证了前文所述的动力学特点以及光滑器对振动抑制的有效性。

在验证振动控制的有效性后，接下来验证控制器对系统频率误差的鲁棒性。图 4.20 所示为频率存在小误差时的响应，实验的驱动角位移选取为 54°，实验时的设计频率为 3.35 rad/s。在无控制情况下，瞬态振幅和残余振幅分别为 186.1 mm 和 338.7 mm；残余振幅比瞬态振幅大，这是因为轮毂减速时的波形和前面相叠加。在单模态达芬光滑器作用下，瞬态振幅和残余振幅分别为 62.9 mm 和 8.2 mm。在多模态达芬光滑器作用下，瞬态振幅和残余振幅分别为 32.5 mm 和 2.1 mm。在小误差情况下，单模态和多模态达芬光滑器都能取得很好的振动抑制效果，但单模态达芬光滑器作用下的残余振幅相对多模态达芬光滑器更大一些，这主要是因为单模态达芬光滑器不能有效抑制高模达芬振子激励的振动。

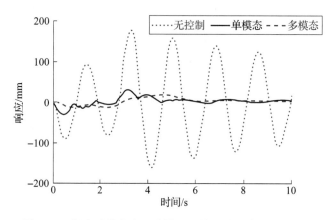

图 4.20　频率设计在小误差情况下的实验响应（附彩图）

图 4.21 所示为设计频率为 4.79 rad/s（对应负向 30% 误差）的时间响应。这种情况下，单模态达芬光滑器作用下的瞬态振幅和残余振幅分别为 156.2 mm 和 62.3 mm；在多模态达芬光滑器作用下，瞬态振幅和残余振幅分别为 58.8 mm 和 27.4 mm。可以看出，单模态达芬光滑器作用下的残余振幅要比多模态达芬光滑器作用下的残余振幅更大，这是因为单模态达芬光滑器对频率负向误差的不敏感性比多模态达芬光滑器要差。

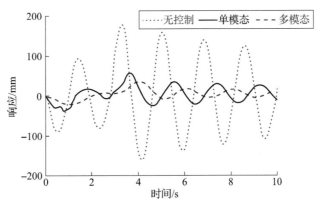

图 4.21　频率设计在负误差情况下的实验响应（附彩图）

　　图 4.22 所示为设计频率为 2.58 rad/s（对应正向 30% 误差）的时间响应。在这种情况下，单模态达芬光滑器作用下的瞬态振幅和残余振幅分别为 84.5 mm 和 34.8 mm；在多模态达芬光滑器作用下，瞬态振幅和残余振幅分别为 34.9 mm 和 12.7 mm。可以看出，多模态达芬光滑器的控制效果相对要好，这是因为多模态达芬光滑器有较宽的频率不敏感范围。

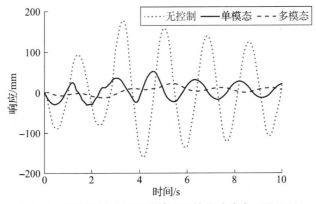

图 4.22　频率设计在正误差情况下的实验响应（附彩图）

　　通过以上分析，可以得出结论：单模态达芬光滑器和多模态达芬光滑器都能提供较好的模型频率误差鲁棒性。实验的结果也验证了这两种控制方法对达芬振子系统振动抑制的有效性以及对频率误差较宽的不敏感范围。

第 5 章

液体晃动控制应用实例

液体晃动指的是部分充液容器中的液体受到扰动后，在液体惯性和某些恢复力的相互制约下所形成的自由液面的波动。液体晃动过程中产生的对容器壁的作用力和作用力矩，能够明显改变系统的动力学特性，这会严重影响系统结构稳定性和运动稳定性。

5.1 平面线性晃动

液体晃动的动力学过程非常复杂，包含无穷晃动模态。研究者们针对液体晃动现象提出了很多控制方法，目前晃动抑制方法主要分为以下几类：被动控制（如改进机械结构、增加阻尼）；主动控制（如在液面安装执行器或控制液面气压）；闭环控制（如线性控制、非线性控制、滑模控制、H_∞ 控制、PID 控制）；开环控制（如 Input Shaping）。

1. 被动控制

液体晃动的被动控制是指在储箱结构上进行防晃设计来改变晃动特性，进而实现晃动抑制。液体防晃设计是通过选择适当的储箱几何形状和内部结构来改变液体晃动特性参数（如晃动频率、晃动质量、阻尼等），以实现晃动稳定条件。液体储箱防晃设计的技术途径有：改变液体晃动频率，使其与载液系统刚体运动和控制系统频率不耦合；减小液体晃动质量，使刚液耦合相互作用力和力矩减小；提高液体晃动阻尼比，加快液体晃动能量的衰减速度。在储液箱内增加防晃板和阻尼器，会增加储液箱的结构复杂性和质量，而且防晃板和阻尼器的安装会延长储液箱的制造周期、减少储液箱运送的液体量，从而降低液体运输效率。

2. 主动控制

液体晃动的主动控制是指通过有源元件直接（或间接）对液体施加作用来抑制液体的晃动。已有的文献都是以储液容器的点到点传动为控制任务，使容器精确按照期望的轨迹运动,同时抑制液体晃动。描述晃动抑制效果的指标主要有残余晃动水平、时间最优、对参数摄动的鲁棒性等。主动控制实时监测液面晃动情况,通过驱动器来实时控制液面的晃动,能够有效抑制液体晃动。Venugopal 和 Bernstein 设计了两种液体晃动主动控制方法:一种方法是在液体自由晃动液面上安装执行器,通过控制液面气压的方式来抑制容器内液体的晃动;另一种方法是在液面安装一个执行器,根据实时监测的液面状态,通过拍打液面来抑制液面的晃动,大量仿真结果证明了该方法的有效性。主动控制方法需要安装执行器和传感器,这将提高控制系统的成本、增加控制系统的复杂性;而且,在很多工况下无法安装控制器,如在冶金行业就很难在高温液体表面安装执行器和传感器。

3. 闭环控制

闭环控制方法大多使用容器的运动轨迹来作为闭环控制的输入量(如 PID 控制、滑模控制、H_∞ 控制和 Lyapunov – based 反馈控制),建立容器运动与液面受迫晃动的动力学模型,实时采集容器的运动参数反馈,在线实时调整容器的运动,以达到抑制液体晃动的目标。Kurode 为滑模控制器设计了一个非线性开关曲面来抑制液体的晃动,实验和仿真结果证明了该方法的有效性。Reyhanoglu 等针对 PPR 机器人提出了一种基于李雅普诺夫稳定性原理的控制器来抑制液体晃动,并且通过仿真说明了该方法的有效性。在包装领域,Grundelius 等使用最优控制技术和迭代学习控制来实现液体最小振幅的晃动。Yano 通过混合波形方式设计了液体晃动抑制控制器,实验结果验证了方法的有效性。Gandhi 和 Duggal 基于李雅普诺夫稳定性原理,通过力反馈控制容器运动来抑制圆柱体容器内液体的晃动。在实际应用中,由于晃动过程复杂,大多数情况下液体晃动状态量不能被准确测量,因此将反馈控制应用于液体晃动是很困难的。现有方法只能抑制液体晃动的最初几个晃动模态,而高模态在很多工况下对液体晃动有重要影响。

4. 开环控制

Input Shaping 作为一种前馈控制方法,不需要测量液体晃动状态量和独立执行机构,仅通过对载体系统原始驱动命令进行整形,产生光滑的运动命令,从而达到抑制液体晃动的目的,如无限冲激响应滤波器、加速度补偿和 Input Shaper。Feddema 提出了无限脉冲响应滤波器,整形加速度命令来实现开口容器内自由液面的控制,通过 FANUC S – 800 机器人移动半球形储液容器验证了该方法的有效性。Chen 基于加速度补偿技术设计了液体高速传送控制器,在 KUKA – KR16 工业机器人上进行的实验说明了该方法的有效性。Pridgen 设计了一个两模态控制方法 SI Shaper 来抑制液体晃动。然而,液体晃动有无穷模态,Input Shaping 很难抑制液体晃动的高模态,尤其对于强非线性液体晃动,Input Shaping 技术很难获得良好的控制效果;最优轨迹法所需的计算量太大，对控制系统的软硬件要求高，难以工程实现。闭环控制难以获得液体晃动的状态量，现有方法只能抑制液体晃动的最初几个模态，而高模态在很多工况下对液体晃动有重要影响，因此目前的控制策略很难获得较好的抑制效果。此外，还有大量文献研究了液体晃动的动力学建模和实验装置的设计。

综上所述，被动控制在前期需要通过大量仿真来计算得到防晃板的样式与布置形式，这种方法会增加机械结构的复杂性和质量；主动控制在很多高温、腐蚀性环境中难以实现；闭环控制由于难以测量晃动状态量，且控制器硬件上的要求会使成本增加，因此推广应用受限；Input Shaping 只能抑制液体晃动的基础模态或前两个模态，而不能抵制高模态的晃动，因此效果一般。目前对晃动抑制的效果评价指标中没有瞬态抑制评价指标，以往的研究很少注重对液体瞬态晃动的抑制，但是在实际过程中，液体的瞬态冲击往往严重影响系统运动稳定性，对机械结构有破坏性影响。所以需要设计简单有效的晃动控制算法，不仅要控制效果好，对系统参数和工况变化不敏感，而且易于安装实现。

5.1.1 动力学

图 5.1 所示为平面液体晃动的物理模型，矩形容器的长度为 $2a$，内部充有液面高度为 h 的液体，η 表示晃动时自由液面到静止液面的高度，容器的侧向加速度为 $C(t)$。为了简化动力学建模，作以下假设：

（1）流体流动是无旋的。

（2）容器内流体是无黏性、均匀、不可压缩的。

（3）容器是绝对刚性的，没有弹性变形。

（4）液体晃动是微幅晃动。

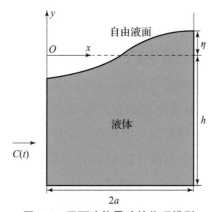

图 5.1 平面液体晃动的物理模型

对于无旋流动，容器中流体的速度可表示为

$$\boldsymbol{v} = \boldsymbol{v}_0 + \nabla\phi \tag{5.1}$$

式中，$\boldsymbol{v}_0$——容器的速度；

　　　∇——梯度算子；

　　　ϕ——扰动速度势函数。

通过上述假设，自由液面的晃动边界值问题可描述为

$$\nabla^2\phi = 0 \tag{5.2}$$

$$\left.\frac{\partial\phi}{\partial x}\right|_{x=0;2a} = 0 \tag{5.3}$$

$$\left.\frac{\partial\phi}{\partial y}\right|_{y=-h} = 0 \tag{5.4}$$

$$\frac{\partial\phi}{\partial y} = \frac{\partial\eta}{\partial t}, y = \eta(x,t) \tag{5.5}$$

$$\frac{\partial\phi}{\partial t} + g\eta + C(t)x = 0, y = \eta(x,t) \tag{5.6}$$

式中，g——重力加速度。

扰动速度势函数 ϕ 和液高 η 可表示为

$$\phi(x,y,t) = \sum_k \varphi_k(x,y)\,\dot{q}_k(t) \tag{5.7}$$

$$\eta(x,y,t) = \sum_k H_k(x,y)q_k(t) \tag{5.8}$$

式中，$q_k(t)$——关于时间 t 的函数；

　　　$\varphi_k(x,y), H_k(x,y)$——对应的模态函数，它们是下列边界值问题的解：

$$\nabla^2\varphi_k = 0 \tag{5.9}$$

$$\left.\frac{\partial\varphi_k}{\partial x}\right|_{x=0;2a} = 0 \tag{5.10}$$

$$\left.\frac{\partial\varphi_k}{\partial y}\right|_{y=-h} = 0 \tag{5.11}$$

$$\frac{\partial\varphi_k}{\partial y} = H_k = \frac{\omega_k^2\varphi_k}{g}, \quad y = \eta(x,t) \tag{5.12}$$

求解式（5.9）~式（5.12），可得各晃动模态的固有频率 ω_k 及对应的空间函数 φ_k 和 H_k：

$$\omega_k^2 = g\frac{k\pi}{2a}\tanh\left(\frac{k\pi}{2a}h\right) \tag{5.13}$$

$$\varphi_k = \cos\left(\frac{k\pi x}{2a}\right)\cosh\left(k\pi\frac{y+h}{2a}\right) \tag{5.14}$$

$$H_k = \frac{\omega_k^2}{g} \varphi_k, \quad k = 1, 2, \cdots \tag{5.15}$$

相关文献表明，式 (5.13) 可以用来估计液体晃动的频率。将式 (5.7)、式 (5.8) 代入式 (5.6)，然后在两边同时乘以 φ_k，并在自由液面 $0 \leqslant x \leqslant 2a$ 上积分，得到

$$u_k \ddot{q}_k(t) + u_k \omega_k^2 q_k(t) + \alpha_k C(t) = 0, \quad k = 1, 2, \cdots \tag{5.16}$$

式中，

$$u_k = \rho \int\limits_{x=0}^{2a} H_k \varphi_k \, \mathrm{d}x \tag{5.17}$$

$$\alpha_k = \rho \int\limits_{x=0}^{2a} x H_k \, \mathrm{d}x \tag{5.18}$$

式中，ρ——液体的密度。

当 k 为偶数时，$\alpha_k = 0$，这说明横向加速度 $C(t)$ 只能激发奇数模态响应，而不能激发偶数模态。由于实际液体晃动具有耗散性，因此引入系统阻尼来表征晃动的耗散性，又因为偶数模态不被激发，因此式 (5.16) 可以整理成如下形式：

$$\ddot{q}_k(t) + 2\zeta_k \omega_k \dot{q}_k(t) + \omega_k^2 q_k(t) + \frac{\alpha_k}{u_k} C(t) = 0, \quad k = 1, 3, 5, \cdots \tag{5.19}$$

式中，ζ_k——各模态的阻尼比。阻尼比的理论表达式是一个实验常数、Galilei 数和容器形状的函数；对于水，各模态的晃动阻尼比约为 0.01。

将式 (5.15) 代入式 (5.8)，可以得到自由液面上任意测量点处的液高为

$$\eta(x, 0, t) = \sum_k H_k(x, 0) q_k(t) = \sum_{k \text{为奇数}} \left(\frac{\omega_k^2}{g} \varphi_k q_k(t) \right) \tag{5.20}$$

因此，液面高度为无穷模态响应的总和。从式 (5.19)、式 (5.20) 可以得到容器最右侧处液高与外界激励之间的传递函数：

$$\eta_{x=2a, y=0}(s) = \sum_{k \text{为奇数}} \left(\frac{8a}{gk^2\pi^2} \cdot \frac{-\omega_k^2}{s^2 + 2\zeta_k \omega_k s + \omega_k^2} C(s) \right) \tag{5.21}$$

另外，把式 (5.14) 和式 (5.19) 代入式 (5.7)，可以得到容器最右侧处扰动速度势与外界激励之间的传递函数：

$$\phi_{x=2a, y=0}(s) = \sum_{k \text{为奇数}} \left(\frac{8a}{k^2\pi^2} \cdot \frac{-s}{s^2 + 2\zeta_k \omega_k s + \omega_k^2} C(s) \right) \tag{5.22}$$

由于式 (5.21)、式 (5.22) 包含无穷模态，因此系统总响应为各模态响应的叠加。为了研究高模态的影响，在此引入"相对振幅贡献"的概念（其定义为脉冲响应下高模态的振幅与基础模态的振幅比），以此来评估高模态对整个系统的影响。

图 5.2 所示为液深大范围变化时，各高模态相对振幅贡献的变化情况。在液深未

达 50 mm 以前，随着液深的增加，相对振幅贡献下降；在液深超过 50 mm 后，随着液深变化，相对振幅贡献趋于平缓。第 3 模态、第 5 模态和第 7 模态的平均相对振幅贡献分别为 19.8%、9.2%、5.6%，第 9 ~ 19 模态的平均振幅相对贡献为 12%。由图 5.2 所示的仿真结果可知，高模态对整个系统的动力学有显著影响。因此，需要设计一种控制方法来有效抑制液体全部模态的晃动。

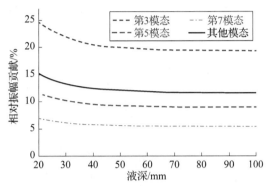

图 5.2　高模态相对振幅贡献的变化情况（附彩图）

容器运动的原始驱动命令为梯形速度命令。表 5.1 给出了本章使用的仿真与实验参数。系统的响应可按时间划分为两个阶段：瞬态响应阶段；残余响应阶段。瞬态响应阶段是指容器处于运动状态的时间段，在此时间段内晃动的峰峰振幅定义为瞬态振幅；残余响应阶段是指容器停止运动以后的时间段，在此时间段内晃动的峰峰振幅定义为残余振幅。瞬态振幅和残余振幅可用于表征瞬态晃动和残余晃动的剧烈程度。

表 5.1　仿真参数

参数	数值
容器长度 $2a$/mm	92
最大驱动速度/(m·s^{-1})	0.2
最大驱动加速度/(m·s^{-2})	2

5.1.2　仿真

本节主要在不同液深和不同驱动距离情况下，仿真分析两段光滑器对晃动的抑制效果，验证控制器的有效性。在仿真中，取液体晃动动力学模型的前 8 个模态进行仿真，将更高的模态忽略。

图 5.3 所示为液深为 92 mm 时，不同驱动距离下液体的瞬态振幅曲线和残余振幅曲线。无控制器情况下，当驱动距离小于 4.3 cm 时，瞬态振幅随着驱动距离的增加而

变大，此时瞬态振幅的大小取决于加速脉冲的宽度，然而一旦达到最大速度值，加速脉冲宽度就不再增加；达到这一值后，瞬态振幅的大小不再取决于加速脉冲的宽度，而取决于加速过程引起的晃动与减速过程诱发的晃动之间的相互作用，当相互作用后的振幅大于加速过程振幅时，瞬态振幅曲线上出现波峰点。残余振幅是加速引起的晃动与减速引起的晃动相互作用的结果。当两者的晃动同相时，波峰出现；当两者的晃动反相时，波谷出现。光滑器能抑制瞬态晃动的82.2%、抑制残余晃动的99.8%，即基本上能将残余振幅抑制到零。在不同驱动距离下，控制器都有很好的控制效果。

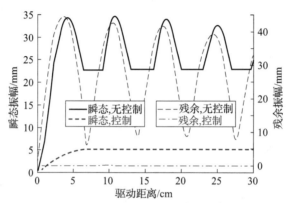

图5.3　驱动距离对瞬态振幅和残余振幅的影响（附彩图）

图5.4所示为驱动距离为20 mm时，不同液深时的瞬态振幅曲线和残余振幅曲线。无控制器情况下，所有液深均有较大的瞬态晃动与残余晃动。液体晃动的瞬态振幅与残余振幅随着液深的增加先增加再减小，而当液深增加到与容器宽度相等后($h/(2a)=1$)，继续增加液深，液体的瞬态振幅与残余振幅变化趋于平缓。两段光滑器能够抑制瞬态振幅的78.8%、抑制残余振幅的99.8%。对于所有测试液深，光滑器能够将残余振幅抑制到零。

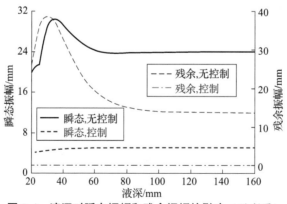

图5.4　液深对瞬态振幅和残余振幅的影响（附彩图）

图 5.3 和图 5.4 所示的仿真结果说明，两段光滑器在不同的驱动距离和不同液深情况下，均能有效地抑制液体的瞬态晃动和残余晃动。

5.1.3　实验

如图 5.5 所示，实验在固定高度的 *XY* 运动平台上进行。实验平台由"松下"伺服电动机驱动，安装有编码器，能够测量平台的运动参数。实验台的控制系统硬件有用于编写控制算法的计算机主机、DSP 运动控制板卡（GT – 400 – SV – PCI），运动控制板卡连接计算机与伺服电动机。采用 VC ++ 编写算法，产生驱动命令驱动数控平台运动。在本研究中，驱动数控平台沿着一个方向运动。在实验中，用尺子测量液深，然后估算液体晃动的固有频率，用于设计两段光滑器。整个实验台的行程为 30 cm，容器的尺寸是 92 cm × 92 cm × 180 cm。在实验台左侧安装一台 CMOS 摄像机，用于测量容器壁处液体晃动的液高。

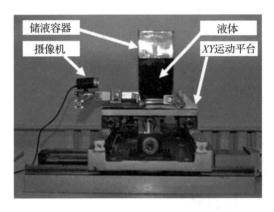

图 5.5　充液容器实验台

图 5.6 所示为梯形速度命令下，容器最右侧处波高的动力学响应。实验液深为 92 cm，驱动距离为 22 cm。0 ~ 1.0 s，容器静止；1.0 ~ 1.1 s，容器加速；1.1 ~ 2.0 s，容器匀速运动；2.0 ~ 2.1 s，容器减速到静止。无控制器时，液体的瞬态振幅和残余振幅分别为 17.4 cm 和 7.7 cm，残余振幅小于瞬态振幅，这是因为减速过程引起的晃动与加速过程引起的晃动反相，两者相互削弱。光滑器控制下，液体的瞬态振幅和残余振幅分别是 4.3 mm 和 0.2 mm。实验结果显示，光滑器能很好地抑制液体的瞬态晃动和残余晃动。

接下来，通过实验来验证所建立的晃动动力学模型的正确性和两段光滑器的有效性。

第一组实验：考察驱动距离的影响。实验条件：将容器内的液位深度固定为 92 mm，驱动距离从 6 mm 到 150 mm 变化。图 5.7 所示为实验测量得到的瞬态振幅。在没有控制器的情况下，瞬态振幅的大小取决于加速诱发的晃动与减速诱发的晃动之间的相互作用，所以随着驱动距离的变化，瞬态振幅变化。光滑器产生的命令更加有效，光滑器的驱动命令减小了液体的瞬态振幅。统计实验数据，光滑器能够抑制瞬态振幅的 78.3%。

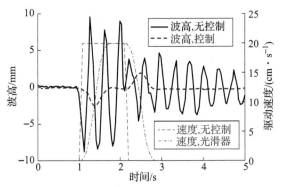

图 5.6　液体晃动实验响应（附彩图）

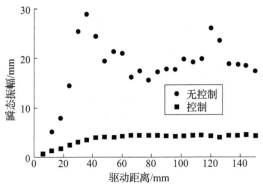

图 5.7　驱动距离对瞬态振幅的影响

以驱动距离为变量，实验得到的残余振幅变化如图 5.8 所示。与仿真结果相似，无控制器时，残余振幅随着驱动距离的变化而变化。光滑器有低通和陷波滤波特性，因此能够抑制无穷模态的晃动。在所有驱动距离范围，光滑器都能抑制液体残余晃动振幅小于 0.43 mm。实验结果说明，光滑器能很好地抑制液体的瞬态晃动和残余晃动。

第二组实验：验证液深变化时，两段光滑器的有效性。实验条件：将驱动距离固定为 20 cm，液深从 40 mm 到 150 mm 变化。图 5.9 所示为实验得到的瞬态振幅变化情况。与仿真结果相似，当液深变化时，瞬态振幅的变化不大。光滑器能够产生光滑驱动命令，对瞬态振幅的抑制率达到 79.1%。

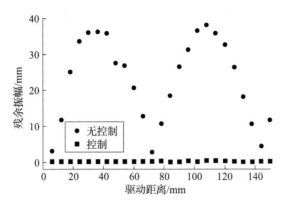

图 5.8　驱动距离对残余振幅的影响

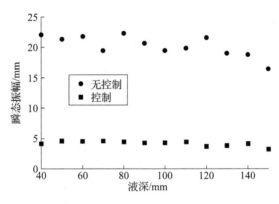

图 5.9　液深变化对瞬态振幅的影响

图 5.10 所示为液深变化对残余振幅的影响。无控制器时，随着液深增加，残余振幅减小。由于光滑器对系统固有频率的变化不敏感，当实际液深变化时，光滑器能够抑制所有残余振幅低于 0.32 mm。实验结果说明，两段光滑器对液深变化不敏感，具有很好的鲁棒性。

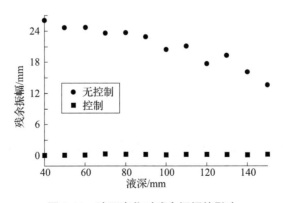

图 5.10　液深变化对残余振幅的影响

通过上述两组实验可以验证，两段光滑器能够在不同工况下很好地抑制液体的瞬态晃动和残余晃动。

5.2 三维线性晃动

5.2.1 动力学

图 5.11 所示为矩形容器三维晃动的物理模型。长度为 a、宽度为 b 的矩形容器内充有液深为 h 的液体。η 代表从静止液面量起的液高，容器运动可以分解为沿着固定坐标系 x'、y' 两个方向的线性运动，$C(t)$ 为容器运动加速度，α 为加速度方向与 x' 方向的夹角。Oxy 为移动坐标系，固结于液体静止液面上，坐标系原点在容器转角处；动坐标系与惯性坐标系的方向平行。

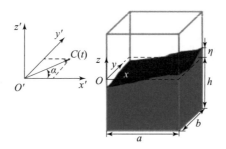

图 5.11 矩形容器三维晃动的物理模型 (附彩图)

假设储箱内的液体是不可压缩的、无黏性的，储箱内流体的流动是无旋的，并且自由液面的波高和速度相对较小，容器是刚性的、不可渗透的。对于无旋流动，容器内液体的速度可写为

$$\boldsymbol{v} = \boldsymbol{v}_0 + \nabla\phi \tag{5.23}$$

式中，$\boldsymbol{v}_0$——储箱的运动速度；

∇——梯度算子；

ϕ——扰动速度势。

因此，储箱内液体自由晃动的边界值问题在动坐标系中可描述为

$$\nabla^2\phi = 0 \tag{5.24}$$

$$\left.\frac{\partial\phi}{\partial x}\right|_{x=0,a} = 0 \tag{5.25}$$

$$\left.\frac{\partial \phi}{\partial y}\right|_{y=0,b} = 0 \tag{5.26}$$

$$\left.\frac{\partial \phi}{\partial z}\right|_{z=-h} = 0 \tag{5.27}$$

$$\frac{\partial \phi}{\partial z} = \frac{\partial \eta}{\partial t}, \, z = \eta(x,y,t) \tag{5.28}$$

$$\frac{\partial \phi}{\partial t} + g\eta + xC(t)\cos\alpha + yC(t)\sin\alpha = 0, \, z = \eta(x,y,t) \tag{5.29}$$

式中，g——重力加速度。

扰动速度势函数 ϕ 和液高 η 可以写成如下形式：

$$\phi(x,y,z,t) = \sum_{ij} \varphi_{ij}(x,y,z) \, \dot{q}_{ij}(t) \tag{5.30}$$

$$\eta(x,y,z,t) = \sum_{ij} H_{ij}(x,y,z) q_{ij}(t) \tag{5.31}$$

式中，i,j——非负整数；

$q_{ij}(t)$　——时间相关的函数；

$\varphi_{ij}(x,y,z), H_{ij}(x,y,z)$——对应的空间函数，它们是如下方程组的解：

$$\nabla^2 \varphi_{ij} = 0 \tag{5.32}$$

$$\left.\frac{\partial \varphi_{ij}}{\partial x}\right|_{x=0,a} = 0 \tag{5.33}$$

$$\left.\frac{\partial \varphi_{ij}}{\partial y}\right|_{y=0,b} = 0 \tag{5.34}$$

$$\left.\frac{\partial \varphi_{ij}}{\partial z}\right|_{z=-h} = 0 \tag{5.35}$$

$$\frac{\partial \varphi_{ij}}{\partial z} = H_{ij} = \frac{\omega_{ij}^2 \varphi_{ij}}{g}, \, z = \eta(x,y,t) \tag{5.36}$$

解式（5.32）~式（5.36），得到液体晃动的自然频率 ω_{ij} 以及对应的模态函数：

$$\omega_{ij}^2 = g\pi \sqrt{\left(\frac{i}{a}\right)^2 + \left(\frac{j}{b}\right)^2} \cdot \tanh\left(\pi h \sqrt{\left(\frac{i}{a}\right)^2 + \left(\frac{j}{b}\right)^2}\right) \tag{5.37}$$

$$\varphi_{ij} = \cos\left(\frac{i\pi x}{a}\right)\cos\left(\frac{j\pi y}{b}\right) \cdot \cosh\left(\pi(z+h)\sqrt{\left(\frac{i}{a}\right)^2 + \left(\frac{j}{b}\right)^2}\right) \tag{5.38}$$

$$H_{ij} = \frac{\omega_{ij}^2 \varphi_{ij}}{g} \tag{5.39}$$

式中，$\omega_{i0}, \omega_{0j}, \omega_{ij}$——横向模态、纵向模态和混合模态。

将式（5.30）、式（5.31）代入式（5.29），两边同时乘以 φ_{ij}，然后在自由液面

$0 \leq x \leq a$、$0 \leq y \leq b$ 上进行积分，得到受迫晃动方程：

$$\lambda_{ij}\ddot{q}_{ij}(t) + \lambda_{ij}\omega_{ij}^2 q_{ij}(t) + \gamma_{ij}C(t)\cos\alpha + \beta_{ij}C(t)\sin\alpha = 0 \tag{5.40}$$

式中，

$$\lambda_{ij} = \rho\int_0^a\int_0^b H_{ij}\varphi_{ij}\mathrm{d}x\mathrm{d}y \tag{5.41}$$

$$\gamma_{ij} = \rho\int_0^a\int_0^b xH_{ij}\mathrm{d}x\mathrm{d}y \tag{5.42}$$

$$\beta_{ij} = \rho\int_0^a\int_0^b yH_{ij}\mathrm{d}x\mathrm{d}y \tag{5.43}$$

式中，ρ——液体密度。

根据式（5.42）和式（5.43）计算 γ_{ijx} 和 β_{ijy} 的值，得到

$$\gamma_{ij} = \begin{cases} \dfrac{-2a^2\rho\omega_{ij}^2\cosh(i\pi h/a)}{g\pi^2 i^2}, & i\text{ 为奇数，}j=0 \\ 0, & \text{其他} \end{cases} \tag{5.44}$$

$$\beta_{ij} = \begin{cases} \dfrac{-2b^2\rho\omega_{ij}^2\cosh(j\pi h/b)}{g\pi^2 j^2}, & i=0\text{，}j\text{ 为奇数} \\ 0, & \text{其他} \end{cases} \tag{5.45}$$

式（5.44）和式（5.45）表明，横向激励只能激发横向模态，纵向激励只能激发纵向模态，平面两个方向的激励不能激发混合模态。考虑到系统阻尼，则式（5.40）可以写成如下形式：

$$\ddot{q}_{i0}(t) + 2\zeta_{i0}\omega_{i0}\dot{q}_{i0}(t) + \omega_{i0}^2 q_{i0}(t) + \frac{\gamma_{i0}}{\lambda_{i0}}C(t)\cos\alpha = 0, \quad i\text{ 为奇数} \tag{5.46}$$

$$\ddot{q}_{0j}(t) + 2\zeta_{0j}\omega_{0j}\dot{q}_{0j}(t) + \omega_{0j}^2 q_{0j}(t) + \frac{\beta_{0j}}{\lambda_{0j}}C(t)\sin\alpha = 0, \quad j\text{ 为奇数} \tag{5.47}$$

式中，ζ_{i0}，ζ_{0j}——横向模态的阻尼、纵向模态的阻尼，对于水，各模态的晃动阻尼约为 0.01。

将式（5.39）代入式（5.31），得到任意测量点处的液高表达式为

$$\begin{aligned} \eta(x,y,0,t) &= \sum_{i\text{ 为奇数},j=0} H_{ij}(x,y,0)q_{ij}(t) + \sum_{i=0,\,j\text{ 为奇数}} H_{ij}(x,y,0)q_{ij}(t) \\ &= \sum_{i\text{ 为奇数}} \frac{\omega_{i0}^2\varphi_{i0}}{g}q_{i0}(t) + \sum_{j\text{ 为奇数}} \frac{\omega_{0j}^2\varphi_{0j}}{g}q_{0j}(t) \end{aligned} \tag{5.48}$$

由式（5.46）~式（5.48）可得容器对角处液高与外界激励之间的传递函数为

$$\eta_{x=a,y=b,z=0}(s) = \sum_{i \text{为奇数}} \frac{-4a\omega_{i0}^2 \cdot C(s)\cos\alpha}{g\pi^2 i^2 (s^2 + 2\zeta_{i0}\omega_{i0}s + \omega_{i0}^2)} +$$

$$\sum_{j \text{为奇数}} \frac{-4b\omega_{0j}^2 \cdot C(s)\sin\alpha}{g\pi^2 j^2 (s^2 + 2\zeta_{0j}\omega_{0j}s + \omega_{0j}^2)} \tag{5.49}$$

此外，将式（5.38）、式（5.46）、式（5.47）代入式（5.30），可得容器对角处液体扰动速度势与外界激励传递函数关系为

$$\phi_{x=a,y=b,z=0}(s) = \sum_{i \text{为奇数}} \frac{-4as \cdot C(s)\cos\alpha}{\pi^2 i^2 (s^2 + 2\zeta_{i0}\omega_{i0}s + \omega_{i0}^2)} +$$

$$\sum_{j \text{为奇数}} \frac{-4bs \cdot C(s)\sin\alpha}{\pi^2 j^2 (s^2 + 2\zeta_{0j}\omega_{0j}s + \omega_{0j}^2)} \tag{5.50}$$

理论分析显示，容器内液体晃动液高和扰动速度势是两个方向无数个模态的叠加，但是在平面运动激励下，两个方向的晃动是相互独立的，横向模态与纵向模态之间没有耦合。由式（5.49）可得，在脉冲激励下，储箱对角处液体晃动所有模态的振幅为

$$A_{x=a,y=b,z=0} = \sum_{i \text{为奇数}} \frac{-4a\omega_{i0}\cos\alpha}{g\pi^2 i^2 \sqrt{1-\zeta_{i0}^2}} + \sum_{j \text{为奇数}} \frac{-4b\omega_{0j}\sin\alpha}{g\pi^2 j^2 \sqrt{1-\zeta_{0j}^2}} \tag{5.51}$$

接下来，引入在脉冲激励下，每个方向各模态与对应方向基础模态的振幅之比，以表征单模态对整个系统动力学的影响，这个比值称为相对振幅贡献。基于此概念，式（5.51）可以写为

$$A_{x=a,y=b,z=0} = \frac{-4a\omega_{10}\cos\alpha}{g\pi^2 \sqrt{1-\zeta_{10}^2}} \cdot \sum_{i \text{为奇数}} c_{i0} + \frac{-4b\omega_{01}\sin\alpha}{g\pi^2 \sqrt{1-\zeta_{01}^2}} \cdot \sum_{j \text{为奇数}} c_{0j} \tag{5.52}$$

式中，ω_{10}, ζ_{10}——横向基础模态的固有频率和阻尼比；

ω_{01}, ζ_{01}——纵向基础模态的固有频率和阻尼比；

c_{i0}, c_{0j}——横向、纵向的相对振幅贡献，可表示为

$$c_{i0} = \frac{\omega_{i0}\sqrt{1-\zeta_{10}^2}}{i^2 \omega_{10}\sqrt{1-\zeta_{i0}^2}}, \ i \text{ 为奇数} \tag{5.53}$$

$$c_{0j} = \frac{\omega_{0j}\sqrt{1-\zeta_{01}^2}}{j^2 \omega_{01}\sqrt{1-\zeta_{0j}^2}}, \ j \text{ 为奇数} \tag{5.54}$$

因此，容器对角处液体所有模态振幅之和为各方向基础模态振幅乘以相对振幅贡献之和。

图 5.12 给出了液深为 90 mm 时各模态的相对振幅贡献，其余仿真参数在表 5.2 中列出。由图 5.12 可以看出，横向的第 3 模态、第 5 模态、第 7 模态的相对振幅贡

献分别为20.1%、9.4%和5.6%，纵向的第3模态、第5模态、第7模态的相对振幅贡献分别为19.3%、9.0%和5.4%。仿真分析，横向的第9~19模态相对振幅贡献之和为13.5%，纵向的第9~19模态的相对振幅贡献之和为13.0%。这表明高模态的晃动对系统的动力学有明显影响，在设计控制方法时，必须考虑抑制高模态的晃动。

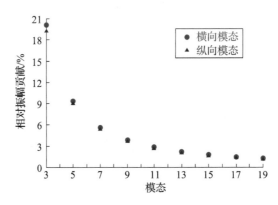

图5.12　各模态的相对振幅贡献（附彩图）

表5.2　仿真/实验参数

参数	数值
容器长度 a/mm	182
容器宽度 b/mm	102
最大驱动速度/(m·s^{-1})	0.2
最大驱动加速度 $C(t)$/(m·s^{-2})	2
阻尼比 ζ_{ij}	0.01

图5.13所示为液深90 mm、驱动距离20 cm、驱动角位移为30°时，横向、纵向模态响应以及全模态响应，仿真分析了前10个模态的影响。横向模态、纵向模态和全模态的瞬态振幅分别为29.1 mm、15.3 mm和41.6 mm。对于三者的残余振幅，其大小分别为15.7 mm、17.3 mm和29.4 mm。仿真结果显示，整个系统的响应是两个方向晃动响应的叠加，两个方向的基础模态和高模态都对整个系统的动力学影响显著，这要求控制器必须能够抑制全模态晃动。

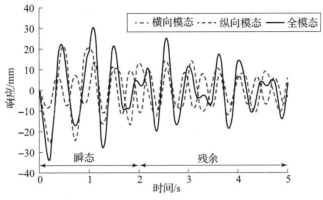

图 5.13　两个方向上的晃动响应（附彩图）

5.2.2　仿真

本节将在不同工况下，取液体晃动每个方向的前 10 个模态进行数值计算仿真，对比分析三段光滑器的鲁棒性。

容器内液深为 90 mm、驱动角位移固定为 30°，改变驱动距离，液体晃动的瞬态振幅和残余振幅如图 5.14 所示。无控制器情况下，驱动距离小于 5.8 cm 时，液体瞬态晃动振幅随着驱动距离的增加而增加，这是因为此时容器运动还未达到最大速度，瞬态振幅随着加速时间的增加而增加。驱动距离大于 5.8 cm 后，瞬态振幅的大小取决于加速过程与减速过程引起的晃动之间的相互作用。当两者同相时，瞬态振幅曲线中出现波峰；当两者反相时，瞬态振幅曲线中出现波谷点。同样地，对于残余振幅曲线，曲线的变化也是加速过程引起的晃动与减速过程诱发的晃动之间相互作用的结果。分析有控制器情况下的瞬态晃动与残余晃动可以发现，三段光滑器能抑制瞬态振幅的 83.1%，由于三段光滑器产生的命令在边界处更光滑，所以对瞬态晃动的抑制效果较好。三段光滑器能抑制残余振幅的 95.2%，对残余晃动的抑制效果较好。仿真分析显示，在不同驱动距离，三段光滑器都能将瞬态振幅和残余振幅抑制到很低的水平。

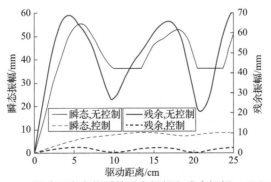

图 5.14　驱动距离变化时的瞬态振幅和残余振幅（附彩图）

驱动距离为 20 cm、液深固定为 90 mm，驱动角位移变化时的瞬态振幅与残余振幅曲线如图 5.15 所示。当驱动角位移为 0°时，系统只有横向模态响应；当驱动角位移为 90°时，容器沿纵向运动，系统的全模态响应是横向模态响应与纵向模态响应的叠加。无控制器情况下，在驱动角位移增加到 48°之前，瞬态振幅随着驱动角位移的增大而增大，驱动角位移进一步增加后，瞬态振幅减小，这是横向模态与纵向模态之间相互作用的结果；不加控制器时的残余振幅在驱动角位移为 75°时达到最大值。统计仿真数据可知，三段光滑器能够平均抑制瞬态振幅的 83.5%、抑制残余振幅的 98.9%。因此，在不同驱动角位移的激励下，三段光滑器都有很好的晃动抑制效果。

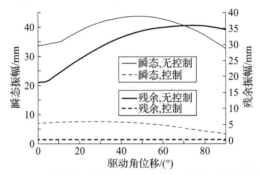

图 5.15　驱动角位移变化时的瞬态振幅和残余振幅

很多情况下，液深可能实现不了准确测量，此时就需要控制器对实际液深变化不敏感。图 5.16 所示为驱动距离为 20 cm、驱动角位移固定为 30°、实际液深变化时液体晃动的瞬态振幅与残余振幅。在此仿真中，控制器的设计液深固定为 90 mm。无控制器时，液体晃动振幅很大；在充液比 $h/a < 1$ 时，随着液深的增加，瞬态振幅与残余振幅减小；当充液比 $h/a > 1$ 时，液深继续增加，液体晃动的瞬态振幅与稳态振幅变化不大。统计仿真数据可知，三段光滑器能够平均抑制瞬态振幅的 82.4%、抑制残余振幅的 98.1%。仿真显示，当实际液深与控制器设计液深有很大偏差时，三段光滑器仍然能起到很好的效果。

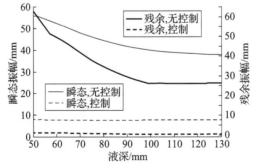

图 5.16　液深变化时的瞬态振幅和残余振幅

对不同驱动距离、不同驱动角位移工况进行仿真，仿真结果显示，三段光滑器在不同工况条件下都能很好地抑制液体的瞬态晃动与残余晃动。将三段光滑器设计液深固定在90 mm，假设在实际液深测量不准确的情况下进行仿真，从仿真结果可以看到，即使实际液深与三段光滑器设计液深有很大误差，三段光滑器仍然能发挥良好的控制性能。

综合上述仿真结果说明，三段光滑器在不同工况下都能获得良好的控制性能，并且对系统参数变化不敏感。

5.2.3　实验

图 5.17 所示为实验平台，容器安装在 XY 运动平台上，平台能在水平面内自由运动。平台由"松下"电动机通过丝杠驱动，平台的运动速度与位置由编码器测量得到。实验平台的控制系统硬件由计算机、DSP 运动控制卡和伺服放大器组成，计算机界面用于编写运动控制程序，DSP 运动控制卡连接计算机与伺服放大器。此次实验中的容器尺寸为 182 mm×102 mm×200 mm。左侧安装的 CMOS 摄像机用来测量储液容器对角处的液位高度，实验中的液位深度通过尺子测量。

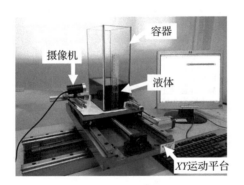

图 5.17　液体晃动实验台

梯形驱动命令下，储液容器拐角处的波高随时间变化的曲线如图 5.18 所示。在本次实验中，容器的驱动距离为 20 cm、驱动角位移为 30°，容器内液深为 90 mm。由响应曲线可知，0~1.0 s，容器处于静止，液面也无晃动；在 1.0 s 时，容器开始加速，诱发液体晃动；在 2.0 s 时，容器开始减速，再次诱发液体晃动；在 2.1 s 以后，容器停止运动，液体晃动进入残余晃动阶段。无控制器情况下，液体晃动的瞬态振幅与残余振幅分别为 34.0 mm 和 17.4 mm，残余振幅比瞬态振幅小，这是因为容器减速过程诱发的晃动与加速过程诱导的晃动反相，两者相互削弱。在光滑器控制下，液体晃动的瞬态振幅与残余振幅分别为 5.4 mm 和 0.4 mm。光滑器将残余振幅基本抑制到零。

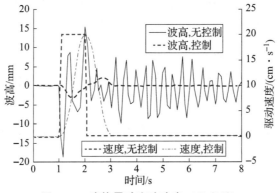

图 5.18　液体晃动实验响应（附彩图）

下面分析系统参数发生变化时，光滑器的晃动抑制效果，选取容器内液深作为变量，分析不同液深时，容器内液体的晃动情况。在本次实验中，容器的驱动距离为 20 cm、驱动角位移为 30°，容器内实际液深从 50 mm 到 130 mm 变化，光滑器的设计液深为 90 mm。液深变化时的瞬态振幅和残余振幅如图 5.19 所示。无控制器时，随着液深的增加，瞬态振幅逐渐减小，仿真得到的瞬态振幅比实验得到的振幅大，这是因为在仿真中忽略了液体的黏性和表面张力等因素。分析有控制器时的实验数据可知，光滑器能够抑制瞬态晃动的 83.7%。由于光滑器整形后的速度曲线更加光滑，所以对瞬态晃动的抑制效果更好。

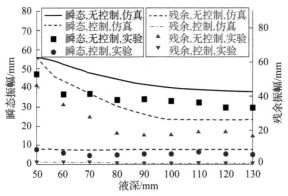

图 5.19　液深变化时的瞬态振幅和残余振幅（附彩图）

实际液深从 50 mm 到 130 mm 变化，光滑器设计液深保持 90 mm 不变时，液体晃动的残余振幅实验结果也在图 5.19 中给出。分析曲线发现，无控制器时，随着液深的增加，液体晃动的残余振幅逐渐减小。由于仿真过程中忽略了流体的黏性、表面张力等因素，所以仿真获得的残余振幅比实验获得的残余振幅大。分析有控制器条件下的实验结果，在所有液深情况下，光滑器均能将残余振幅抑制到 0.92 mm 以下。

综合上述实验结果说明，在不同的工况下，光滑器对三维液体晃动都能起到很好的抑制效果。

5.3　平面非线性晃动

液体晃动动力学非常复杂，前人的研究大部分致力于对液体晃动的等效机械模型和线性模型。在等效机械模型或线性晃动模型中，液体表面没有绕着节线旋转。非线性晃动的液体表面表现出绕着节线旋转的特性，表现为大幅晃动的动力学行为。Faltinsen 提出了非线性晃动建模方法，但仅给出了非线性晃动动力学模型系数的非展开形式，且大部分针对晃动控制的工作都是基于等效机械模型和线性晃动模型。

5.3.1　动力学

图 5.20 所示为矩形储箱横向运动的平面非线性晃动模型。研究 xy 平面内的二维晃动。刚性矩形储箱内部充有无旋、无黏性、不可压缩的理想液体，液深为 h。其中，$O'x'y'$ 为惯性坐标系，Oxy 为移动坐标系，移动坐标系与矩形储箱固连，且其原点与矩形储箱内液体静止液面的中点重合。矩形储箱沿着 x' 方向运动，速度为 $v_0(t)$，$\eta(x,t)$ 表示液体自由表面任意一点的波高，液面方程 $\xi(x,y,t) = y - \eta(x,t) = 0$ 描述了扰动自由液面。

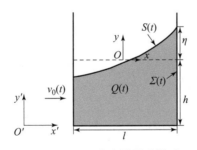

图 5.20　平面非线性晃动模型

为了便于研究，给出以下假设，以简化此二维非线性晃动动力学模型：

（1）储箱内的液体在运动过程中是无旋的。

（2）储箱内的液体是理想液体，即均匀、无黏性且不可压缩。

（3）矩形储箱的容器壁是绝对刚性的，不可渗透，且不会产生弹性变形。

（4）矩形储箱运动时，液体振幅相对较大，有弱非线性现象。

因此，矩形储箱的液体波高 $\eta(x,t)$ 和相对速度势 $\varphi(x,t)$ 可以表达为

$$\eta(x,t) = \sum_i \cos(\pi i(x/l + 0.5)) \cdot \beta_i(t) \tag{5.55}$$

$$\varphi(x,t) = \sum_i \cos(\pi i(x/l + 0.5)) \cdot R_i(t) \tag{5.56}$$

式中，$\beta_i(t)$，$R_i(t)$——液体晃动模态的面模态振型和体模态振型的广义坐标或模态函数，从物理角度上讲，它们分别表示对应的幅值响应。

为了将无穷模态系统简化为能够通过数值方法求解的有限维模态系统，需要主导模态和次模态的转换关系。因此，根据 Narimanov – Moiseev 的三阶渐近假设来建立这样的阶次关系，其数学表示为

$$O(\beta_1) = \varepsilon^{1/3}, \quad O(\beta_2) = \varepsilon^{2/3}, \quad O(\beta_3) = \varepsilon \tag{5.57}$$

式中，ε——无穷小量，高模态在非线性模态中暂时不考虑。

由式（5.57）得到以下由 $\beta_i(t)$ 和 $R_i(t)$ 相互耦合的非线性常微分方程组描述的三维模态系统：

$$\ddot{\beta}_1 + \omega_1^2\beta_1 + \left(E_1 + \frac{2E_0}{E_1}\right)(\ddot{\beta}_1\beta_2 + \dot{\beta}_1\dot{\beta}_2) + \left(E_1 - \frac{2E_0}{E_2}\right)\ddot{\beta}_2\beta_1 +$$
$$\left(\frac{8E_0^2}{E_1E_2} - 2E_0\right)(\ddot{\beta}_1\beta_1^2 + \dot{\beta}_1^2\beta_1) - \frac{8E_1l}{\pi^2}\dot{v}_0(t) = 0 \tag{5.58}$$

$$\ddot{\beta}_2 + \omega_2^2\beta_2 + \left(2E_2 - \frac{4E_0}{E_1}\right)\ddot{\beta}_1\beta_1 - \left[\frac{4E_0}{E_1} + \frac{E_2(2E_0 - E_1^2)}{E_1^2}\right]\dot{\beta}_1^2 = 0 \tag{5.59}$$

$$\ddot{\beta}_3 + \omega_3^2\beta_3 + \left(3E_3 - \frac{6E_0}{E_1}\right)\ddot{\beta}_1\beta_2 + \left(\frac{24E_0^2}{E_1E_2} - \frac{9E_0E_3}{E_1} - 3E_0\right)\ddot{\beta}_1\beta_1^2 +$$
$$\left(3E_3 - \frac{6E_0}{E_2}\right)\ddot{\beta}_2\beta_1 + \left(3E_3 - \frac{6E_0}{E_1} - \frac{6E_0}{E_2} - \frac{6E_0E_3}{E_1E_2}\right)\dot{\beta}_1\dot{\beta}_2 +$$
$$\left(\frac{48E_0^2}{E_1E_2} + \frac{24E_0^2E_3}{E_1^2E_2} - \frac{24E_0E_3}{E_1} - 6E_0\right)\dot{\beta}_1^2\beta_1 - \frac{8lE_3}{3\pi^2}\dot{v}_0(t) = 0 \tag{5.60}$$

$$R_1 = \frac{\dot{\beta}_1}{2E_1} + \frac{E_0}{E_1^2}\dot{\beta}_1\beta_2 - \frac{E_0}{E_1E_2}\dot{\beta}_2\beta_1 + \frac{E_0}{E_1}\left(\frac{4E_0}{E_1E_2} - \frac{1}{2}\right)\dot{\beta}_1\beta_1^2 \tag{5.61}$$

$$R_2 = \frac{1}{4E_2}\left(\dot{\beta}_2 - \frac{4E_0}{E_1}\dot{\beta}_1\beta_1\right) \tag{5.62}$$

$$R_3 = \frac{\dot{\beta}_3}{6E_3} - \frac{E_0}{E_1E_3}\dot{\beta}_1\beta_2 - \frac{E_0}{E_2E_3}\dot{\beta}_2\beta_1 + \left(\frac{4E_0^2}{E_1E_2E_3} - \frac{E_0}{2E_3}\right)\dot{\beta}_1\beta_1^2 \tag{5.63}$$

式中，ω_i——二维非线性模型晃动第 i 模态的固有频率；

E_i——系数，表达式为

$$E_i = \begin{cases} \dfrac{1}{8}\left(\dfrac{\pi}{l}\right)^2, & i = 0 \\[3mm] \dfrac{\pi}{2l}\tanh\left(\dfrac{\pi i}{l}h\right), & i \geqslant 1 \end{cases} \tag{5.64}$$

在非线性模型，液体二维第 i 模态的固有频率 ω_i 的表达式为

$$\omega_i = \sqrt{2igE_i} \qquad (5.65)$$

图 5.21 所示为液体二维线性模型与非线性模型晃动的前 3 个模态响应，其仿真条件是驱动距离、矩形储箱长度和液体深度分别为 22.5 cm、182 cm 和 120 cm。原始驱动命令是梯形速度命令：矩形储箱先得到一个加速度命令，在达到最大速度后保持匀速运动，直到被施加一个与原加速度大小相等、方向相反的加速度命令，矩形储箱开始减速运动直到停止。

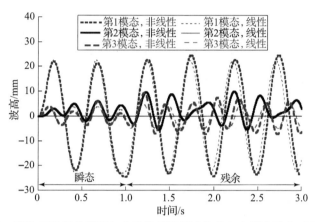

图 5.21　液体二维线性模型与非线性模型晃动的前 3 个模态响应（附彩图）

从图 5.21 中可以看到，线性模型和非线性模型晃动的第 1 模态和第 3 模态响应匹配得非常好。但是对于第 2 模态，线性模型的第 2 模态响应为零，因为线性模型不能激励其偶数模态，而非线性模型能激励其第 2 模态，且第 2 模态的响应对系统响应有一定的影响。

施加给矩形储箱的初始命令是梯形速度命令：矩形储箱先得到一个加速度命令，在达到最大速度后保持匀速运动，直到被施加一个与原加速度大小相等、方向相反的加速度命令，矩形储箱开始减速运动直到停止。因此，系统响应在时间轴上可以分为两个阶段：当矩形储箱运动时，这个阶段是瞬态晃动阶段，其峰峰值称为瞬态振幅；当矩形储箱静止时，液体晃动仍然存在，这个阶段是残余晃动阶段，其峰峰值称为残余振幅。

本节的仿真和实验参数如表 5.3 所示。波高的观测点在储箱的左侧，在动坐标系中的位置是（$-0.5l, 0$），仿真时间是 5 s。非线性晃动模型和线性晃动模型包含了前 3 个模态（非线性）和其他高模态（线性）。对于二维非线性晃动模型，液体的晃动响应应该是所有模态的叠加。本章节的仿真考虑了前 10 个模态。

表 5.3　实验/仿真参数

参数	数值
储箱长度/mm	182
波高测量点	$(-0.5l, 0)$
最大驱动速度/$(m \cdot s^{-1})$	0.25
最大驱动加速度/$(m \cdot s^{-2})$	2.5
阻尼比 ζ	0

图 5.22 给出了驱动距离为 22.5 cm 时，不同液深下液体非线性晃动的前 3 个模态的波高响应振幅和速度势响应大小。从仿真曲线图中可以看到，第 1 模态和第 3 模态的波高平均残余振幅约为 51.8 mm 和 22.1 mm，第 2 模态的残余振幅为 18.5 mm，当液深比较大时，第 2 模态的速度势大小比第 1 模态的要大。由仿真分析可知，奇数模态对液体非线性晃动动力学有很大影响，但偶数模态的影响也不可忽略。因此，设计一个控制器来抑制所有模态的晃动是很有必要的。

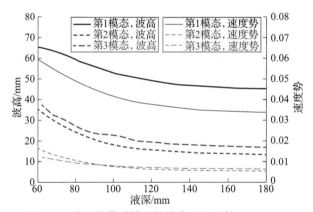

图 5.22　非线性晃动模型的波高和速度势 (附彩图)

高于第 3 模态的高模态在非线性晃动模型中被忽略。这些高模态可以用线性晃动模型来描述。因此，本节晃动模型包括前 3 个模态（非线性）和其他高模态（线性）。晃动响应就是全部模态的响应之和。本节中的仿真结果使用了前 10 个模态。

一段光滑器使用第 1 模态频率，卷积另外的一段光滑器使用第 2 模态频率，以产生一个复合光滑器。图 5.23 所示为复合光滑器的频率不敏感曲线以及驱动距离为 22.5 cm、矩形储箱长度为 182 cm 和储箱内液深为 120 mm 时的波高响应曲线，以验证复合光滑器能有效抑制所有模态的晃动。快速傅里叶变换曲线的 3 个波峰值对应的频率分别为 12.8 rad/s、18.4 rad/s 和 22.5 rad/s，这 3 个晃动频率对应液体二维非线性晃动的前 3 个模态的固有频率。因此可以发现，利用第 1 模态参数和第 2 模态参数组合设计得到的复合光滑器具有低通滤波特性和陷波滤波特性，这也是其能有效抑制系统模态晃动的原因，其中复合滤波器的频率不敏感范围（即对系统的振幅抑制低于 5% 的范围）为从 11.5 rad/s 到无穷大，因而该复合光滑器的频率不敏感范围很宽（即对系统频率变化不敏感）。

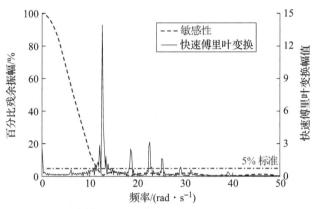

图 5.23　频率敏感曲线和快速傅里叶变换幅值（附彩图）

为了验证复合光滑器对高模态的抑制，表 5.4 给出了液体晃动前 10 个模态的速度势幅值。在没有控制的情况下，第 1 模态的速度势幅值比其他模态的速度势幅值要大得多，因此第 1 模态是基础模态。第 2 模态速度势幅值相对较大，因此第 2 模态的影响不能忽略。第 4、6、8 模态的速度势幅值接近于零，这是因为线性模型不能激励偶数模态。有复合光滑器的控制时，所有模态的速度势幅值被抑制到很低的水平。

表 5.4　前 10 个模态的速度势幅值

模态	无控制	复合光滑器
1	3.76×10^{-2}	2.68×10^{-5}
2	5.35×10^{-3}	5.91×10^{-5}
3	7.06×10^{-3}	8.83×10^{-5}
4	0	0
5	1.01×10^{-3}	2.07×10^{-5}
6	0	0
7	1.84×10^{-4}	1.25×10^{-6}
8	0	0
9	4.15×10^{-4}	3.30×10^{-7}
10	0	0

5.3.2 仿真

在实际应用中，矩形储箱内液体的液深在很多情况下是很难测量的，而且容器的驱动距离在不同的需求情况下会有所变化，这些因素的变化就要求光滑器对系统参数具有良好的不敏感性，在不同的工况下都能很好地抑制液体的晃动。因此，下面通过数值仿真来研究在不同液深和不同驱动距离情况下，控制器对液体晃动的抑制效果。

图 5.24 所示为当矩形储箱长度为 182 mm、液深为 120 mm 时，测量点的波高瞬态振幅和残余振幅在不同驱动距离情况下的变化曲线。从图中可以看到，无控制的情况下，当驱动距离小于 9.5 cm 时，液体晃动的瞬态振幅随着驱动距离的增加而增大，且瞬态振幅的大小取决于加速度脉冲。当驱动距离进一步增大时，瞬态振幅的大小主要取决于矩形储箱加速度脉冲和减速度脉冲引起的晃动的相互作用。当加速度脉冲诱发的晃动与减速度脉冲诱发的晃动相位相同时，液体晃动的瞬态振幅增加，并出现波峰点；反之，当加速度脉冲和减速度脉冲诱发的晃动相位相反时，产生的晃动相互抵消，液体晃动的瞬态振幅减小，并出现波谷点。对于残余振幅，其大小和变化情况主要取决于加速度脉冲和减速度脉冲诱发的晃动相位差。复合光滑器能抑制瞬态振幅的 78.7%，这是因为光滑器对瞬态振幅有约束。复合光滑器能抑制残余振幅的 99.3%，这是因为二维晃动模型的晃动固有频率是准确的，且复合光滑器对驱动距离具有非常好的鲁棒性。

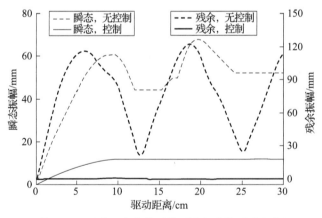

图 5.24 驱动距离变化时的瞬态振幅与残余振幅

将控制器的设计参数液深固定为 120 mm，在实际液深变化的情况下，测量点的波高瞬态振幅和残余振幅在不同液深情况下的变化曲线如图 5.25 所示。其中，驱动距离固定为 22.5 cm，矩形储箱长度为 182 mm。从图中可以看到，无控制情况下，瞬态振幅和残余振幅缓慢减小，且当液深超过 140 mm 后，振幅大小趋于平缓。复合光滑器能抑制瞬态振幅的 79.6%、残余振幅的 98.7%，这是因为光滑器对瞬态振幅有约束。同时，复合光滑器对液深的变化具有非常好的鲁棒性。

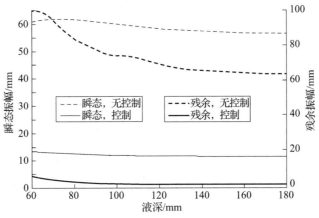

图 5.25　液深变化时的瞬态振幅与残余振幅

当矩形储箱驱动距离为 22.5 cm、液深为 120 cm 时，测量点的波高瞬态振幅和残余振幅随矩形储箱长度变化情况下的变化曲线如图 5.26 所示。从图中可以看出，无控制情况下，对于瞬态振幅，当矩形储箱长度大于 106 mm 时，瞬态振幅随着矩形储箱长度的增加而增大，并在储箱长度为 239 mm 时达到最大点；对于残余振幅，当矩形储箱长度小于 150 mm 时，残余振幅随着矩形储箱长度的增加而减小，并在储箱长度为 150 mm 时达到最小点，然后随着储箱长度增大而增大。在光滑器的设计参数中，矩形储箱的长度固定为 182 mm。复合光滑器能抑制瞬态振幅的 78.5%，这是因为光滑器对瞬态振幅有约束。复合光滑器能抑制残余振幅的 95.7%，这表明光滑器对矩形储箱的长度变化有很好的鲁棒性。

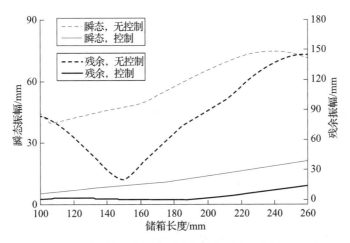

图 5.26　储箱长度变化时的瞬态振幅与残余振幅（附彩图）

从上述仿真结果可以看出，针对二维非线性晃动所提出的复合光滑器，能将液体晃动的瞬态振幅抑制在一定范围内，能很好地抑制晃动的残余振幅。而且，该方法在不同的系统参数和工况下都具有非常好的控制效果。

5.3.3　实验

本实验在图 5.17 所示的实验台上进行。图 5.27 所示为在有/无控制器情况下，实验得到的测量点的波高变化曲线。其中，矩形储箱的驱动距离为 22.5 cm，液深为 120 mm；实验台在 1 s 时开始加速运动，持续 0.1 s 后达到最大速度并保持匀速运动，在 1.9 s 时开始减速运动并于 0.1 s 后停止运动。从图中可以看到，无控制的情况下，测量点的波高响应的瞬态振幅和残余振幅分别是 40.3 mm 和 38.7 mm。经过复合光滑器后，液体晃动的瞬态振幅和残余振幅大小分别为 7.4 mm 和 0.2 mm。该实验证明，光滑器都能抑制液体晃动，但是复合光滑器的抑制效果更好。这是因为，对于瞬态振幅，复合光滑器在设计过程中，光滑器将瞬态振幅约束到较低的范围内；对于残余振幅，复合光滑器能抑制较宽频率范围内的晃动模态的晃动。

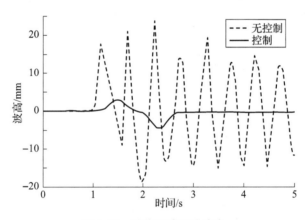

图 5.27　液体晃动实验响应

为了验证复合光滑器的有效性和鲁棒性，下面进行两组实验，分别在不同驱动距离和不同液深下测量液体晃动的波高的瞬态振幅和残余振幅的变化情况。

图 5.28 所示为不同驱动距离情况下，二维液体晃动的瞬态振幅和残余振幅的实验曲线。其中，液深固定为 120 mm，矩形储箱的长度为 182 mm。从图中可以看到，与仿真曲线相似，无控制的情况下，瞬态振幅随着驱动距离变化而变化的曲线呈现一定的周期性。这是因为，瞬态振幅大小主要取决于矩形储箱加速度脉冲和减速度脉冲引起的晃动的相互作用。当加速度脉冲诱发的晃动与减速度脉冲诱发的晃动相位相同时，液体晃动的瞬态振幅增加，并出现波峰点；反之，当加速度脉冲和减速度脉冲诱发的

晃动相位相反时，产生的晃动相互抵消，液体晃动的瞬态振幅减小，并出现波谷点。接下来，分析有控制的情况。复合光滑器对瞬态振幅的抑制能达到 79.0%，即抑制瞬态振幅的效果非常好，这是因为光滑器的设计有对瞬态振幅的约束。复合光滑器对残余振幅的抑制能达到 99.3%，即对残余振幅的抑制效果非常好，且对于驱动距离的变化具有非常好的不敏感性。

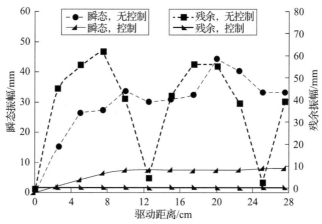

图 5.28　驱动距离变化时的瞬态振幅与残余振幅

另一组实验是证明该控制器在不同液深的情况下，对液体晃动的瞬态振幅和残余振幅的抑制效果，同时验证其对系统参数有较好的鲁棒性。图 5.29 所示为瞬态振幅和残余振幅在不同液深情况下的实验曲线。从图中可以看到，实验结果与仿真结果相似，无控制情况下，瞬态振幅和残余振幅缓慢减小。接下来，分析有控制的情况。复合光滑器对瞬态振幅的抑制能达到 78.9%，这是因为光滑器的设计中有对瞬态振幅的约束。复合光滑器在所有液深的情况下都能将残余振幅抑制到残余振幅在 0.67 mm 以内，这表明复合光滑器对残余振幅的抑制效果非常好，且对于液深的变化具有非常好的不敏感性。

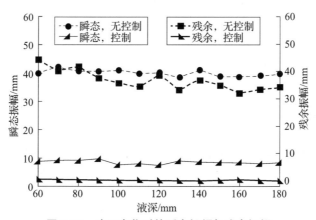

图 5.29　液深变化时的瞬态振幅与残余振幅

上述两组实验结果与仿真结果相似，表明在不同的系统参数和不同的工况下，该复合光滑器都能有效地抑制二维液体非线性晃动的瞬态晃动和残余晃动，并且具有良好的鲁棒性。

5.4　三维非线性晃动

5.4.1　动力学

图 5.30 所示为矩形储箱横向、纵向复合运动的三维非线性晃动模型，研究 xyz 平面内的三维晃动。刚性矩形储箱长为 a、宽为 b，液深为 h。其中，$O'x'y'z'$ 为惯性坐标系，$Oxyz$ 为移动坐标系，移动坐标系与矩形储箱固连，其原点在矩形储箱的转角处，且移动坐标系与惯性坐标系平行。矩形储箱沿着 $O'x'y'$ 平面运动，运动加速度为 $C(t)$，α 为加速度与 x' 轴正向的夹角，$\eta(x,y,t)$ 表示液体自由表面任意一点的波高。

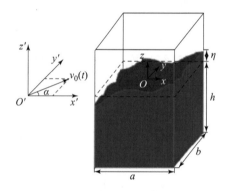

图 5.30　三维非线性晃动模型（附彩图）

非线性晃动的波高公式可用下式表达：

$$\eta(x,y,0,t) = a \sum_i \sum_j \cos\left(\pi i\left(\frac{x}{a} + 0.5\right)\right) \cdot \cos\left(\pi j\left(\frac{ry}{a} + 0.5\right)\right) \cdot \beta_{i,j}(t) \quad (5.66)$$

式中，$\beta_{i,j}(t)$ ——液体晃动模态的面模态振型的广义坐标或模态函数；

　　　r——容器长宽比。

在非线性晃动模型中，高模态被忽略，包括比例阻尼项的模态函数 $\beta_{i,j}(t)$ 表达式如下：

$$\ddot{\beta}_{1,0} + 2\zeta_{1,0}\omega_{1,0}\dot{\beta}_{1,0} + \omega_{1,0}^2\beta_{1,0} + d_{1,1}(\ddot{\beta}_{1,0}\beta_{2,0} + \dot{\beta}_{1,0}\dot{\beta}_{2,0}) +$$

$$d_{1,2}(\ddot{\beta}_{1,0}\beta_{1,0}^2 + \dot{\beta}_{1,0}^2\beta_{1,0}) + d_{1,3}\ddot{\beta}_{2,0}\beta_{1,0} + d_{1,4}\ddot{\beta}_{1,0}\beta_{0,1}^2 +$$

$$d_{1,5}\ddot{\beta}_{0,1}\beta_{1,1} + d_{1,6}\beta_{1,0}\beta_{0,1}\ddot{\beta}_{0,1} + d_{1,7}\beta_{0,1}\ddot{\beta}_{1,1} + d_{1,8}\dot{\beta}_{1,0}\beta_{0,1}\dot{\beta}_{0,1} +$$

$$d_{1,9}\beta_{1,0}\dot{\beta}_{0,1}^2 + d_{1,10}\dot{\beta}_{0,1}\dot{\beta}_{1,1} + d_{1,11}\dot{v}_0(t)\cos\alpha = 0 \tag{5.67}$$

$$\ddot{\beta}_{0,1} + 2\zeta_{0,1}\omega_{0,1}\dot{\beta}_{0,1} + \omega_{0,1}^2\beta_{0,1} + d_{2,1}(\ddot{\beta}_{0,1}\beta_{0,2} + \dot{\beta}_{0,1}\dot{\beta}_{0,2}) +$$

$$d_{2,2}(\ddot{\beta}_{0,1}\beta_{0,1}^2 + \dot{\beta}_{0,1}^2\beta_{0,1}) + d_{2,3}\ddot{\beta}_{0,2}\beta_{0,1} + d_{2,4}\ddot{\beta}_{0,1}\beta_{1,0}^2 +$$

$$d_{2,5}\ddot{\beta}_{1,0}\beta_{1,1} + d_{2,6}\beta_{1,0}\beta_{0,1}\ddot{\beta}_{1,0} + d_{2,7}\beta_{0,1}\dot{\beta}_{1,0}^2 + d_{2,8}\beta_{1,0}\ddot{\beta}_{1,1} +$$

$$d_{2,9}\dot{\beta}_{1,0}\beta_{0,1}\beta_{1,0} + d_{2,10}\dot{\beta}_{1,0}\dot{\beta}_{1,1} + d_{2,11}\dot{v}_0(t)\sin\alpha = 0 \tag{5.68}$$

$$\ddot{\beta}_{2,0} + 2\zeta_{2,0}\omega_{2,0}\dot{\beta}_{2,0} + \omega_{2,0}^2\beta_{2,0} + d_{3,1}\ddot{\beta}_{1,0}\beta_{1,0} + d_{3,2}\dot{\beta}_{1,0}^2 = 0 \tag{5.69}$$

$$\ddot{\beta}_{0,2} + 2\zeta_{0,2}\omega_{0,2}\dot{\beta}_{0,2} + \omega_{0,2}^2\beta_{0,2} + d_{4,1}\ddot{\beta}_{0,1}\beta_{0,1} + d_{4,2}\dot{\beta}_{0,1}^2 = 0 \tag{5.70}$$

$$\ddot{\beta}_{1,1} + 2\zeta_{1,1}\omega_{1,1}\dot{\beta}_{1,1} + \omega_{1,1}^2\beta_{1,1} + d_{5,1}\ddot{\beta}_{1,0}\beta_{0,1} + d_{5,2}\ddot{\beta}_{0,1}\beta_{1,0} + d_{5,3}\dot{\beta}_{1,0}\dot{\beta}_{0,1} = 0 \tag{5.71}$$

$$\ddot{\beta}_{2,1} + 2\zeta_{2,1}\omega_{2,1}\dot{\beta}_{2,1} + \omega_{2,1}^2\beta_{2,1} + d_{6,1}\beta_{1,0}\beta_{0,1}\ddot{\beta}_{1,0} + d_{6,2}\ddot{\beta}_{1,0}\beta_{1,1} +$$

$$d_{6,3}\beta_{0,1}\dot{\beta}_{1,0}^2 + d_{6,4}\ddot{\beta}_{0,1}\beta_{2,0} + d_{6,5}\dot{\beta}_{1,0}\dot{\beta}_{0,1}\beta_{1,0} + d_{6,6}\ddot{\beta}_{0,1}\beta_{1,0}^2 +$$

$$d_{6,7}\dot{\beta}_{1,0}\dot{\beta}_{1,1} + d_{6,8}\beta_{0,1}\ddot{\beta}_{2,0} + d_{6,9}\beta_{1,0}\ddot{\beta}_{1,1} + d_{6,10}\dot{\beta}_{0,1}\dot{\beta}_{2,0} = 0 \tag{5.72}$$

$$\ddot{\beta}_{1,2} + 2\zeta_{1,2}\omega_{1,2}\dot{\beta}_{1,2} + \omega_{1,2}^2\beta_{1,2} + d_{7,1}\beta_{1,0}\beta_{0,1}\ddot{\beta}_{0,1} + d_{7,2}\ddot{\beta}_{0,1}\beta_{1,1} +$$

$$d_{7,3}\dot{\beta}_{1,0}\dot{\beta}_{0,1}\beta_{0,1} + d_{7,4}\ddot{\beta}_{1,0}\beta_{0,1}^2 + d_{7,5}\ddot{\beta}_{1,0}\beta_{0,2} + d_{7,6}\beta_{0,1}\ddot{\beta}_{1,1} +$$

$$d_{7,7}\beta_{1,0}\ddot{\beta}_{0,2} + d_{7,8}\beta_{1,0}\dot{\beta}_{0,1}^2 + d_{7,9}\dot{\beta}_{0,1}\dot{\beta}_{1,1} + d_{7,10}\dot{\beta}_{1,0}\dot{\beta}_{0,2} = 0 \tag{5.73}$$

$$\ddot{\beta}_{3,0} + 2\zeta_{3,0}\omega_{3,0}\dot{\beta}_{3,0} + \omega_{3,0}^2\beta_{3,0} + d_{8,1}\ddot{\beta}_{1,0}\beta_{2,0} + d_{8,2}\ddot{\beta}_{1,0}\beta_{1,0}^2 +$$

$$d_{8,3}\beta_{1,0}\ddot{\beta}_{2,0} + d_{8,4}\dot{\beta}_{1,0}^2\beta_{1,0} + d_{8,5}\dot{\beta}_{1,0}\dot{\beta}_{2,0} + d_{8,6}\dot{v}_0(t)\cos\alpha = 0 \tag{5.74}$$

$$\ddot{\beta}_{0,3} + 2\zeta_{0,3}\omega_{0,3}\dot{\beta}_{0,3} + \omega_{0,3}^2\beta_{0,3} + d_{9,1}\ddot{\beta}_{0,1}\beta_{0,2} + d_{9,2}\dot{\beta}_{0,1}\dot{\beta}_{0,2} +$$

$$d_{9,3}\beta_{0,1}\ddot{\beta}_{0,2} + d_{9,4}\ddot{\beta}_{0,1}\beta_{0,1}^2 + d_{9,5}(\dot{\beta}_{0,1})^2\beta_{0,1} + d_{9,6}\dot{v}_0(t)\sin\alpha = 0 \tag{5.75}$$

式中，$\zeta_{i,j}$ 为第 (i,j) 模态的阻尼比；$\omega_{i,j}$ 是第 (i,j) 模态的频率；$d_{i,j}$ 是系数。$(i,0)$ 表示横向模态；$(0,j)$ 表示纵向模态；$(i \neq 0, j \neq 0)$ 表示混合模态。

液体晃动的频率的表达式为

$$\omega_{i,j}^2 = \frac{g\pi}{a}\sqrt{i^2 + (rj)^2} \cdot \tanh\left(\frac{\pi h}{a}\sqrt{i^2 + (rj)^2}\right) \tag{5.76}$$

因此，液体晃动的固有频率取决于系统结构和参数、容器尺寸和液深。容器尺寸对频率有更大影响。在仿真中，使用梯形速度命令来移动容器，最大驱动速度和最大驱动加速度分别设置为 25 cm/s 和 2.5 m/s²，晃动测量点选择容器对角线左上角（$-0.5a$，$-0.5b$）。

图 5.31 给出了驱动距离变化时的横向模态、纵向模态和混合模态的残余振幅曲线。驱动角位移、液深、容器长度和宽度分别选择 45°、90 mm、182 mm 和 102 mm。随着驱动距离变化，波峰、波谷出现在横向模态、纵向模态和混合模态残余振幅曲线中。波峰、波谷是由于加减速过程引起的晃动相位同相、反相产生的。波峰、波谷产生的位置发生变化是横向模态、纵向模态和混合模态频率差异造成的。非线性晃动模型与线性晃动模型有较大差异：线性晃动模型不能激励起混合模态的响应；在非线性晃动模型中，混合模态的响应具有较大的振幅。

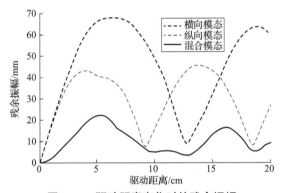

图 5.31　驱动距离变化时的残余振幅

图 5.32 给出了容器长度变化时的残余振幅。驱动距离、驱动角位移、容器宽度和液深选择为 22.5 cm、45°、102 mm 和 90 mm。纵向模态的残余晃动变化很小，这是因为容器宽度恒定不变。横向模态和混合模态出现了波峰、波谷，这是加减速过程引起的晃动同相、反相造成的。由此可知，横向模态和纵向模态是主导的，而混合模态也对晃动动力学有一定影响。

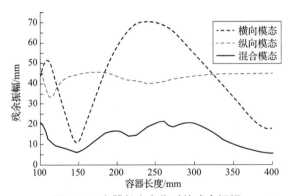

图 5.32　容器长度变化时的残余振幅

5.4.2　仿真

图 5.33 给出了四段光滑器作用下的残余振幅随着驱动距离变化的曲线。在仿真中，驱动角位移、液深、容器长度和宽度设置为 45°、90 mm、182 mm 和 102 mm。随着驱动距离的改变，波峰、波谷出现在横向模态、纵向模态和混合模态中，这是因为加减速过程引起的晃动时而同相、时而反相。横向模态晃动没有被抑制为零，这是由于四段光滑器被设置为将残余振幅抑制到允许振幅约束。纵向模态和混合模态的晃动动力学行为与横向模态非常类似。在四段光滑器作用下，横向模态、纵向模态和混合模态的残余振幅分别平均消减了 96%、97% 和 99%。因此，四段光滑器可以在全部驱动距离上将残余晃动抑制到非常低。

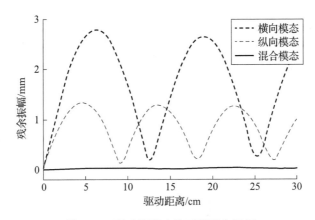

图 5.33　驱动距离变化时的残余振幅

图 5.34 给出了四段光滑器作用下残余振幅随着容器长度变化的曲线。在仿真中，容器长度从 102 mm 到 500 mm 变化，驱动距离、驱动角位移、容器宽度和液深设置为 22.5 cm、45°、102 mm 和 90 mm。四段光滑器按照容器长度 300 mm 进行设计，这个长度对应频率值 8.7 rad/s；容器长度 102 mm 对应频率值 17.3 rad/s；容器长度 500 mm 对应频率值 5.6 rad/s。在容器长度为 300 mm 时，四段光滑器将横向模态、纵向模态和混合模态的残余振幅都抑制到很低。在容器长度为 102 mm 时，四段光滑器将横向模态、纵向模态和混合模态的残余振幅都抑制到小于 0.1 mm；在容器长度为 500 mm 时，横向模态的残余振幅较大，这是由于四段光滑器在低频具有较窄的频率不敏感范围。因此，四段光滑器在全部工作范围和系统参数变化情况下都能有效消减全部模态的残余振幅。

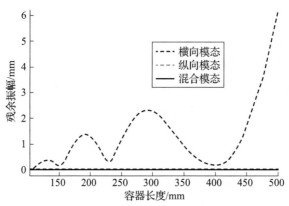

图 5.34　容器长度变化时的残余振幅

5.4.3　实验

　　本实验在图 5.17 所示的实验台上进行，将液深和驱动角位移设置为 90 mm、45°，安装一台摄像机在工作台上，以记录容器左上角液体晃动表面的波高变化。本实验是为了验证液体晃动动力学行为和光滑器的有效性。图 5.35 给出了波高的残余振幅，残余振幅随着驱动距离增加而变化。残余振幅存在波峰、波谷变化，这是由于加减速过程晃动同相、反相。该实验结果较好地符合仿真曲线，验证了仿真动力学行为。

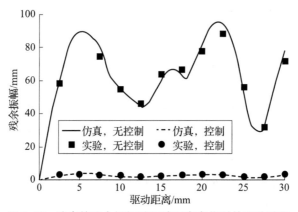

图 5.35　波高的残余振幅随驱动距离变化时的实验结果

　　图 5.35 给出了光滑器作用下的实验效果。在全部驱动距离上，残余振幅都小于3.3 mm。光滑器将晃动抑制到非常低的范围。该实验结果非常好地符合仿真曲线，清楚地验证了四段光滑器能有效地消减非线性晃动。

第6章

起重机控制应用实例

6.1 桥式起重机

在船坞和仓库，桥式起重机需要搬运尺寸很大、质量很大的负载，吊挂较大体积的负载时，通常使用4根钢绳吊起，将4根钢绳的上端与吊钩连接，吊钩则通过一根钢绳悬挂在小车下方。这一类提升机构的动力学特性比较复杂，在搬运负载时，不仅会导致负载在运动方向摆动，还会引起负载绕着悬挂钢绳扭转。因此，控制桥式起重机平稳地搬运较大体积负载是非常困难的，不仅因为其摆动的单摆或者双摆动力学特性，更困难的是如何抑制负载绕悬挂钢绳的扭转。

6.1.1 动力学模型

图6.1给出了桥式起重机搬运分布质量负载的模型。桥式起重机的吊桥可以沿着 x 方向的导轨移动；桥式起重机的小车可以沿着桥上的导轨移动，这个方向规定为 y 方向；x 方向和 y 方向相互垂直。一根长度为 l_s 的钢绳连接着小车和吊钩。在模型中，钢绳是刚性且无质量的，不能伸缩，这里称为悬索。吊钩的质量为 m_h，在模型中，吊钩可以看成质点。4根钢绳连接着吊钩和负载，这里称这4根钢绳为吊索。4根吊索在模型中是刚性且无质量的，不能伸缩，长度均为 l_r。负载为长方体，其长度为 l_l、宽度为 l_w、高度为 l_h，负载的质量为 m_p，质量均匀分布。

通过控制界面，操作人员可以驱动吊桥沿着 x 方向的导轨运动，吊桥的加速度为 a_x；驱动小车沿着 y 方向的导轨运动，小车的加速度为 a_y。悬索的输出角度为 θ_x 和 θ_y，负载摆动的角度与悬索方向的夹角分别为 β_x 和 β_y，负载扭转的角度为 γ。在模型中，假设小车的质量比负载和吊钩的质量大得多，并且悬索和吊索都是刚性无质量的，吊钩被当作质点。使用 Motion Genesis（一个商业动力学建模软件包）求得分布质量负载小车的动力学方程。

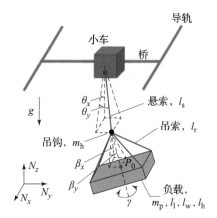

图 6.1　带有分布质量负载的桥式起重机（附彩图）

驱动小车运动的原始指令是一个梯形速度指令：当操作人员按下驱动按钮后，小车就开始加速；当小车加速达到最大速度后，便保持这个速度不变做匀速运动；当操作人员松开驱动按钮后，小车开始减速，一直减速到停止。

对于上述操作人员的控制指令，系统响应的运动状态可以分成两部分，分别是瞬时运动状态、残余运动状态。瞬时运动状态从操作人员按下驱动按钮（小车开始驱动）开始，到操作人员松开驱动按钮（小车速度减小为零）结束，这段时间内的运动称为瞬时运动。在瞬时运动中，负载摆动和扭动的最大偏差量称为瞬态振幅。残余运动状态是从小车速度减小至零开始，直到运动完全结束。这段时间内的运动称为残余运动，在残余运动中，负载摆动和扭转的最大偏差量称为残余振幅。在本章的仿真中，残余运动时间为 5 min。负载摆动的偏移量定义为负载的中心点相对小车位置的最大位移，负载扭转的角度定义为负载的长度方向与小车驱动方向的夹角。

接下来，在一个平面桥式小车上实验，以验证分布质量负载小车模型的非线性动力学方程的正确性。图 6.2 表示在梯形速度指令驱动下，小车运动状态的仿真和实验结果对比。梯形速度指令驱动小车运动的距离为 55 cm，悬索的长度为 80 cm，负载的长度为 15 cm、质量为 320 g。实验结果和仿真结果的轮廓大致相同，由加速指令引起的负载摆动相位和由减速引起的负载摆动相位相同，因此残余振动中的负载摆动偏移量比瞬态偏差中负载的摆动偏移量要大。从结果可以看出，由分布质量负载和吊钩这一机构的柔性特点造成的负载摆动会使操作小车的工作变得困难，而当负载产生扭转运动时，操作的难度会变得更大。在实验中，负载的扭转由高频的小振幅振动（vibration）和低频的大振幅振荡（oscillation）组成，而在仿真中，负载的扭转没有高频的小振幅振动，这是实验和仿真的不同之处。造成这一差异的原因是，仿真模型中的钢绳是刚性且无质量的，而实验系统的结构是柔性的。

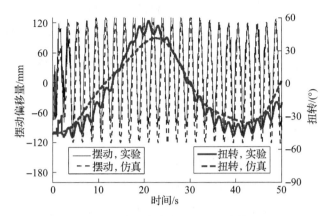

图 6.2　梯形速度驱动下的仿真结果和实验结果（附彩图）

6.1.2　动力学分析

如果负载扭转初始角被设定为零，那么 x 方向或 y 方向的加速度都不会导致负载扭转，模型中只有负载的摆动输出，这时可以将模型进行线性化化简。由线性化方程得到的摆动频率可以用来设计振动抑制控制器。当模型的输入只有一个方向的加速度时，模型关于负载摆动 θ_x 和 β_x 的线性化动力学方程为

$$(l_p^2 + l_q^2 + l_s l_q)\ddot{\theta}_x + (l_p^2 + l_q^2)\ddot{\beta}_x + gl_q\theta_x + gl_q\beta_x + l_q a_x = 0 \tag{6.1}$$

$$(l_s^2 + Rl_p^2 + Rl_s^2 + Rl_q^2 + 2Rl_s l_q)\ddot{\theta}_x + (Rl_p^2 + Rl_q^2 + Rl_q l_s)\ddot{\beta}_x +$$
$$g(l_s + Rl_s + Rl_q)\theta_x + gRl_q\beta_x + (Rl_s + Rl_q + l_s)a_x = 0 \tag{6.2}$$

式中，R——负载和吊钩的质量比；

l_p——负载相对穿过其质心的 N_y 轴的回转半径；

$$l_q = \sqrt{l_r^2 - 0.25l_l^2 - 0.25l_w^2} + 0.5l_h \tag{6.3}$$

当模型的输入只有一个方向的加速度时，线性化动力学方程也与上述方程相似。根据负载摆动的线性化动力学方程（式（6.1）、式（6.2）），可以得到摆动的线性化频率为

$$\omega_{2,1} = \sqrt{\frac{g(1+R)}{2l_s}(u \pm v)} \tag{6.4}$$

式中，

$$u = \frac{l_q^2 + l_s l_q + l_p^2}{l_q^2 + (R+1)l_p^2} \tag{6.5}$$

$$v = \sqrt{u^2 - \frac{4l_s l_q}{(R+1)(l_q^2 + l_p^2 + R l_p^2)}} \tag{6.6}$$

由线性化频率方程（式（6.4））可知，线性化频率与系统的悬索长度、吊索长度、负载与吊钩的质量比以及负载形状相关。第 1 模态振动频率随着悬索长度的增加而减小，而质量比对其的影响比较小。对第 2 模态振动频率，质量比对其的影响较大，而悬索长度对其的影响较小。第 2 模态频率比第 1 模态频率更容易受系统参数变化的影响。因此，振动控制器应该对第 2 模态频率的变化提供更强的鲁棒性。

接下来，对负载扭转频率的变化情况进行分析。负载扭转动力学比较复杂，负载摆动角度对负载扭转的频率影响很大，当负载摆动幅度增大时，会引起负载扭转频率增大。非常有趣的是，负载扭转频率也受负载外形尺寸的影响。当负载的长度和宽度相等时，扭转频率变为零；当负载的长度与宽度的比值增大时，扭转频率也随之增大。

6.1.3　仿真

在很多实际情况下，系统参数能准确获得，如负载的外形和质量、悬索长度等。这就要求控制器对这些参数的变化有较强的鲁棒性。图 6.3 表示当悬索长度变化时，负载摆动的瞬态振幅和残余振幅对应的变化规律。在仿真中，负载的长度为 15 cm、质量为 320 g，小车的驱动距离为 50 cm。没有控制器时，负载摆动瞬态振幅随着悬索长度的增加而增加；负载摆动残余振幅在悬索长度为 50 cm 时达到极大值。这是因为原始指令驱动小车加速时产生的摆动相位和小车减速时产生的摆动相位相同，相互叠加。当悬索长度为模型长度（80 cm）时，光滑器消除了 82.2% 的瞬态振幅，消除了 98.9% 的残余振幅。

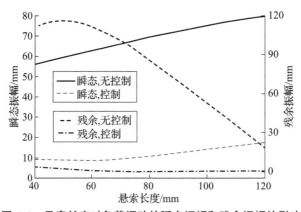

图 6.3　悬索长度对负载摆动的瞬态振幅和残余振幅的影响

图 6.4 表示当悬索长度变化时，负载扭转的瞬态振幅和残余振幅对应的变化规律。

在仿真中，负载的长度为 15 cm、质量为 320 g，小车的驱动距离为 50 cm。没有控制器时，负载扭转瞬态振幅随着悬索长度的增加而减小。在图 6.3 中出现残余振动最小处，在图 6.4 中的对应位置出现扭转残余振幅较大。这个现象在物理上可以解释为加速引起的摆动与减速引起的摆动相互叠加。当两个振动的相位相反时，振幅相互抵消，负载没有摆动。由于只有负载瞬态摆动引起的惯性力造成负载旋转，因此负载扭转振幅急剧增大。在悬索长度为模型长度（80 cm）时，光滑器消除了 98.7% 的瞬态偏差，消除了 89.7% 的残余偏差。在控制器作用下，悬索长度从 40 cm 增加到 60 cm，对应的扭转残余振幅逐渐减小，这是因为负载的扭转受摆动幅值大小和仿真时间长短的影响。

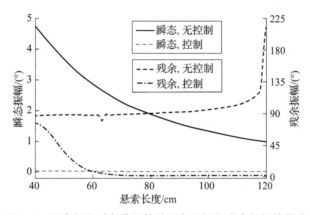

图 6.4　悬索长度对负载扭转的瞬态振幅和残余振幅的影响

图 6.5 表示当负载长度变化时，负载摆动的瞬态振幅和残余振幅对应的变化规律。随着负载长度的增加，负载质量也会相应增加。无控制器情况下，负载长度的变化对摆动的瞬态振幅和残余振幅的影响很小。当光滑器中频率估计负载长度为 15 cm、质量为 320 g 时，光滑器消除了 84.1% 的摆动瞬态振幅，消除了 99.9% 的摆动残余振幅。

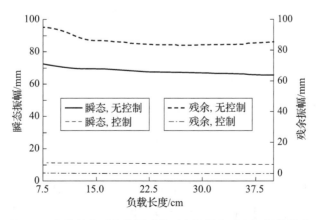

图 6.5　负载长度对负载摆动的瞬态振幅和残余振幅的影响

图 6.6 给出了当负载长度变化时，负载扭转的瞬态振幅和残余振幅的变化规律。随着负载长度的增加，负载质量也会相应增加。无控制情况下，当负载长度与宽度的值都为 7.5 cm 时，负载扭转的瞬态振幅和残余振幅都为零；在 7.5 ~ 17 cm，负载扭转的瞬态振幅随着负载长度的增加而增加。在这点之后，负载长度对扭转瞬态振幅影响非常小。当光滑器频率估计负载长度为 15 cm、质量为 320 g 时，光滑器消除了 98.2% 的扭转瞬态振动，消除了 97.2% 的扭转残余振动。

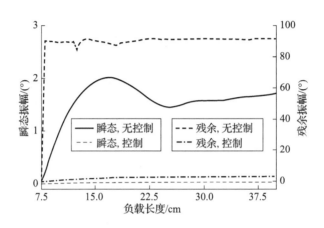

图 6.6　负载长度对负载扭转的瞬态振幅和残余振幅的影响

6.1.4　实验

本实验在一台小型的桥式起重机上进行，如图 6.7 所示。小车由带有编码器的"松下"交流伺服电动机驱动，控制硬件包括一台计算机（可以提供用户界面以及代码编写）、一个基于数字信号处理器的运动控制卡（连接计算机和伺服放大器）。原始指令是梯形速度指令与光滑器进行卷积，处理后的光滑速度曲线指令驱动伺服电机运动。实验平台的高度约为 150 cm，小车的运动距离为 60 cm。一个长方体木块用作分布质量负载，通过 4 根绳子悬挂在吊钩下面。负载的长度为 150 mm、宽度为 75 mm、高度为 10 mm，负载的质量为 320 g。悬索和吊索使用的是"大力马"钓鱼线。由于在仿真中模型的阻尼比为零，所以在实验中尽量减少阻尼，比如减小绳子与吊钩之间的接触面积等。将一台摄像机装在小车上面，在负载上做两个红色标记，摄像机记录在实验过程中红色标记的位置，负载的摆动和扭转都用这两个红色标记的坐标计算得出。

图 6.8 表示使用两种驱动指令驱动小车时，负载的摆动响应和扭转响应。一种是原始梯形速度指令，另一种是经过光滑器处理后的速度指令。小车的驱动距离为 50 cm。无控制的情况下，可以看出分布质量负载的动力学行为。经过光滑器作用后，

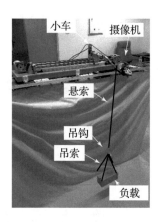

图 6.7　带有集中质量长方体的桥式起重机模型

负载摆动的残余振幅减小了 93.4%，扭转振幅消除了 97.8%。可以清楚地看到，光滑器有效地抑制了负载的摆动和扭转，因此证明了光滑器在这一实验中消除摆动和扭转的有效性。

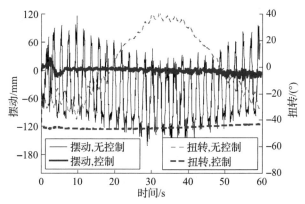

图 6.8　两种驱动指令作用下的响应 （附彩图）

为了证明光滑器在不同的操作条件下和系统参数变化的情况下是有效的，而且具有很好的鲁棒性，需要做一些验证实验。根据仿真结果，选择悬索长度变化的情况来做一组实验。

图 6.9 表示在不同的悬索长度条件下负载摆动的残余振幅。图 6.10 表示在不同的悬索长度条件下负载扭转的残余振幅。分别使用梯形速度指令和经光滑器处理后的速度指令来驱动小车。控制器中模型的绳长为 80 cm。实验结果与仿真结果相似，在无控制时，残余振幅的峰值出现在绳长为 40~60 cm 之间。除了绳长约为 120 cm 处，其他绳长对应的负载扭转残余振幅都为 90°；绳长为 120 cm 处的实验结果比仿真结果好，因为仿真中模型阻尼比为零，而实验中是有阻尼的。由于加速过程和减速过程引起的负载摆动相位相反，因此振荡抵消，阻尼阻止惯性力消减了负载的扭转。实验结果表

明，光滑器消除了 95.2% 的摆动残余振幅，抑制了 84.9% 的扭转残余振幅。

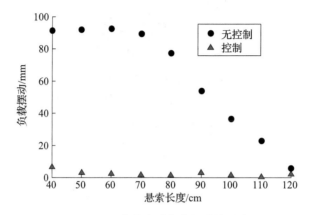

图 6.9　悬索长度对负载摆动的影响

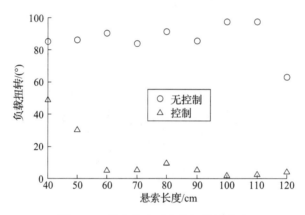

图 6.10　悬索长度对负载扭转的影响

这些实验证实了光滑器消除分布质量负载的摆动和扭转的有效性。同时，当系统参数变化时，光滑器一样能消除负载的摆动和扭转，对系统误差有较好的鲁棒性。

6.2　塔式起重机

塔式起重机在全世界建筑领域得到非常广泛的应用。图 6.11 所示为一个小型塔式起重机搬运一个梁。塔式起重机通过转动横梁左右运动、移动小车前后运动和提起悬索上下移动来完成运载任务。操作者发出的驱动指令会引起负载振荡，这会降低运载效率和运输安全，于是操作者通过减慢驱动机器运动和等待振荡自然衰减的方式来手动抑制负载振荡。

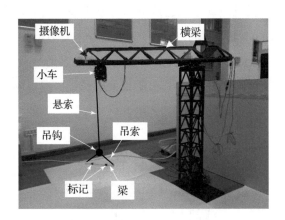

图 6.11　塔式起重机运载分布质量梁实验台

　　较大体积的负载通常由 4 根吊索吊挂在吊钩下面来运载。这种提升机构会引起负载摆动和扭转，因此动力学行为非常复杂。另外，即使非常有经验的操作者也很难手动抑制负载扭转，因此运载任务非常困难。对此，非常有必要针对塔式起重机运载较大体积负载，研究扭转动力学与控制的问题。

　　许多科学家研究过带有集中质量负载的塔式起重机的动力学与控制问题。在集中质量负载模型中不存在负载扭转的问题，这是因为集中质量模型忽略了负载的体积。带有集中质量负载的塔式起重机的控制方法分为反馈控制方法和开环控制方法。反馈控制方法是指在闭环回路中通过检测（或估计）负载摆动状态来消减振荡，包括线性控制、模糊控制、鲁棒控制、神经网络控制、滑模控制、LQR 控制、路径跟踪控制、自适应控制和预测控制。但是，实时检测负载摆动非常困难。开环控制方法是指通过修改原始驱动指令来消减振荡，包括逆动力学求解、光滑指令和 Input Shaping。

　　第 3 章对桥式起重机上的负载扭转动力学进行过研究。桥式起重机上的负载扭转动力学问题与塔式起重机径向方向上驱动引起的扭转动力学问题很相似。本章将给出塔式起重机运载分布质量梁动力学模型，研究塔式起重机在切向方向上的转动引起的负载扭转动力学行为，并验证光滑器仍然能有效地消减负载振荡。

6.2.1　动力学模型

　　塔式起重机运载分布质量负载动力学模型由于是双摆模型、负载为分布质量梁，且引入了起重机的回转运动，因此其动力学模型相当复杂。若对该模型使用传统的拉格朗日方法，将非常耗时耗力，且效率有限。因此，本节使用分析力学的凯恩方法。

图 6.12 所示为分布质量负载塔式起重机动力学模型。塔式起重机的基座固定在地面，横梁围绕基座的轴线旋转 θ 角度，牵引小车沿着吊臂方向做径向距离为 r 的滑动。一根长度为 l_s 的无质量悬索吊挂在牵引小车的下方。悬索的另一端悬挂一个质量为 m_h 的吊钩。质量为 m_p、长度为 l_p 的均匀分布质量的细长梁，通过两根长度均为 l_r 的无质量吊索连接到吊钩上。

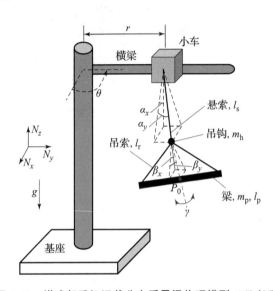

图 6.12　塔式起重机运载分布质量梁物理模型（附彩图）

为了解释悬索摆动的角度 α_x 和 α_y、吊索摆动的角度 β_x 和 β_y 及负载扭转的角度 γ，该模型定义了牛顿坐标系 N_{xyz} 和三个动坐标系 T_{xyz}、C_{xyz} 和 Y_{xyz}。牛顿坐标系 N_{xyz} 如图 6.12 所示，原点定义在吊臂与基座轴线的交点处。动坐标系 T_{xyz} 固定在小车上，坐标轴 T_x 垂直于吊臂方向，坐标轴 T_y 沿吊臂向外方向，坐标轴 T_z 为竖直向下方向。动坐标系 C_{xyz} 固定在吊绳上，坐标轴 C_z 正向沿吊绳向下。将动坐标系 T_{xyz} 旋转 α_x 和 α_y，得到动坐标系 C_{xyz}。将动坐标系 C_{xyz} 旋转 β_x、β_y 和 γ，得到动坐标系 Y_{xyz}。

该模型假设塔式起重机负载系统的阻尼为零，如吊钩摩擦阻尼、空气阻尼等。由于塔式起重机横梁的传动是由高速比齿轮传动的，且传动电动机由控制器按照预定速度曲线进行调速，所以可以假设负载的运动不影响起重机吊臂的运动；而且，假设吊臂的回转电动机带动吊臂运动平稳，即起重机在运动过程中不会产生机械结构振动，从而不会给负载的运动带来额外干扰。吊钩体积相对分布质量梁的尺寸较小，可以简化为质点处理，即吊钩只有点质量。吊绳被假设为无质量，且不会发生弯曲变形、扭转变形和长度变化。实验时，吊绳采用"大力马"钓鱼线，其特点是绳子的扭转刚度很小，且由于重力作用，负载摆动的角度不会超过 45°，即吊绳一直处于拉伸状态，不会发生弯曲变形，负载不会出现因失去吊绳的束缚而发生突然冲击现象，从而损耗系统的机械能。两根吊索也被假设为无质量，且在运动过程中不发生变形。分布质量负载细长梁被简化为质量沿其轴线均匀分布、只有长度、没有截面尺寸的刚体，即在负载运动过程中不考虑其绕轴线自转的运动。

塔式起重机动力学模型的输入是吊臂的角加速度以及小车的加速度。模型的输出是 α_x、α_y、β_x、β_y、γ。使用凯恩方法，可导出模型的非线性动力学方程：

$$M \cdot \begin{pmatrix} \ddot{\alpha}_x \\ \ddot{\alpha}_y \\ \ddot{\beta}_x \\ \ddot{\beta}_y \\ \ddot{\gamma} \end{pmatrix} + f\begin{pmatrix} \alpha_x,\ \alpha_y,\ \beta_x,\ \beta_y,\ \gamma,\ \theta,\ r, \\ \dot{\alpha}_x,\ \dot{\alpha}_y,\ \dot{\beta}_x,\ \dot{\beta}_y,\ \dot{\gamma},\ \dot{\theta},\ \dot{r}, \\ \ddot{\theta},\ \ddot{r} \end{pmatrix} = 0 \qquad (6.7)$$

式中，M——质量矩阵；

$f(\cdot)$——包含重力、离心力、科氏力以及系统控制输入项在内的列矩阵函数。

图 6.13 所示为起重机横梁电动机的驱动角位移为 80°时负载质心摆动的轨迹，是俯视角度下的轨迹。图中，横坐标和纵坐标代表负载质心的径向位置（即沿着吊臂方向）和切向位置（即垂直于吊臂方向）；坐标原点代表负载质心的静止平衡点；折线段轨迹为横梁电动机驱动时负载质心的瞬态摆动轨迹，椭圆段轨迹为电动机停止后负载质心的残余摆动轨迹。吊臂从 0 s 按照梯形速度曲线以 67°/s² 的加速度开始加速，这引起负载的摆动和扭转；然后，吊臂以 20°/s 的速度匀速运动，在 4 s 后以 67°/s² 的减速度开始减速，这会引起负载额外的振荡。因为切向方向为塔臂的旋转方向，所以负载质心的切向振幅要大于负载的径向振幅。图 6.13 中，负载质心最大残余摆动量的实验值为 105.66 mm，仿真值为 95.27 mm。从图中可以看出，负载在瞬态运动过程中，实验轨迹图与仿真轨迹图基本重合，实验数据略微大于仿真数据；在残余运动过程中，实验数据比仿真数据也稍微大一些。实验数据大于仿真数据，是由于实际电动机的速度曲线与设计的仿真速度曲线存在差异，而且仿真程序里测量的起重机参数与实际数值之间存在误差。总体而言，在 80°驱动角位移下，实验和仿真的质心摆动轨迹有相当好的一致性。

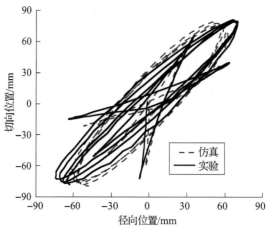

图 6.13　负载质心摆动实验验证 （附彩图）

图 6.14 所示为驱动角位移 80°时的负载扭转速度。图中，横坐标代表时间，纵坐标代表负载的扭转速度；0~4 s 段为电动机驱动时间段，此时负载的扭转属于瞬态扭转阶段，在该过程中，电动机带动吊臂经过加速、匀速、减速三个阶段；4 s 以后为电动机停止运动后负载的残余扭转阶段。从 0 s 开始，在回转电动机加速运动过程中，负载扭转速度开始负向加速，速度很快达到 20°/s，之后开始接近匀速运动，这个阶段速度曲线会出现高频振动现象。4 s 左右，回转电动机开始减速直到静止，负载扭转速度开始反向加速，然后开始以零速度作为平衡位置做周期振动。在该阶段，负载的残余扭转速度曲线近似为正弦曲线。在残余运动阶段，扭转速度最大幅值为 21.86°/s（实验值）、22.88°/s（仿真值），实验值略小于仿真值。受摩擦和空气阻力的影响，实验曲线的幅值逐渐衰减，仿真幅值由于未考虑这些因素，因此速度幅值没有变化。通过对图 6.14 中扭转速度曲线的速度幅值和振动周期的吻合程度进行分析，可以得出：在 80°驱动角位移下，实验数据能很好地匹配仿真数据。根据对图 6.13 和图 6.14 的分析比对，可以得出：在该距离下，实验能很好地验证仿真模型的正确性。

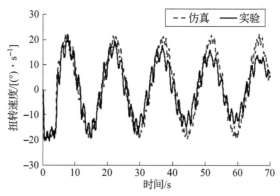

图 6.14　负载扭转实验验证 （附彩图）

6.2.2　动力学分析

在纯径向运动期间，塔式起重机的动力学与桥式起重机的动力学类似。当梁负载的初始扭转被限制为零时，负载扭转运动不能被纯径向运动激发。然后，在这种情况下，纯径向运动时的简化方程为

$$
\begin{bmatrix} cR^2 + l_s^2 + c(l_y^2 + l_s^2 + 2l_y l_s \cos\beta_y) & c\left[R^2 + l_y(l_y + l_s \cos\beta_y)\right] \\ R^2 + l_y(l_y + l_s \cos\beta_y) & R^2 + l_y^2 \end{bmatrix} \cdot \begin{pmatrix} \ddot{\alpha}_y \\ \ddot{\beta}_y \end{pmatrix} +
$$

$$
\begin{bmatrix} -cl_y l_s \sin\beta_y \\ 0 \end{bmatrix} \cdot \dot{\beta}_y^2 + \begin{bmatrix} 0 \\ l_y l_s \sin\beta_y \end{bmatrix} \cdot \dot{\alpha}_y^2 + \begin{bmatrix} -2cl_y l_s \sin\beta_y \\ 0 \end{bmatrix} \cdot \dot{\alpha}_y \dot{\beta}_y +
$$

$$
\begin{bmatrix} l_s(1+c)\sin\alpha_y + cl_y \sin(\alpha_y + \beta_y) \\ l_y \sin(\alpha_y + \beta_y) \end{bmatrix} \cdot g + \begin{bmatrix} l_s \cos\alpha_y + cl_s \cos\alpha_y + cl_y \cos(\alpha_y + \beta_y) \\ l_y \cos(\alpha_y + \beta_y) \end{bmatrix} \cdot \ddot{r} = \mathbf{0}
$$

$$(6.8)$$

式中，g——重力常数；

c——负载质量与吊钩质量的比率；

$$R = l_p / (2\sqrt{3}) \tag{6.9}$$

$$l_y = \sqrt{l_r^2 - 0.25 l_p^2} \tag{6.10}$$

通过小角度摆动假设处理，可以从式（6.8）推导出线性化模型来描述梁负载的纯径向运动。线性化后的模型在纯径向运动时，负载摆动的线性固有频率为

$$\omega_{2,1}^2 = \frac{g(c+1)}{2l_s}\ (u \pm v) \tag{6.11}$$

式中，

$$u = \frac{l_y^2 + l_s l_y + R^2}{l_y^2 + (c+1)R^2} \tag{6.12}$$

$$v = \sqrt{u^2 - \frac{4l_s l_y}{(c+1)\left[l_y^2 + (c+1)R^2\right]}} \tag{6.13}$$

式（6.11）也可以用于估计回转运动期间负载摆动的固有频率。这是因为，负载摆动只表现出弱非线性运动特性，特别是当塔吊旋转相对较慢时。摆动频率取决于悬索长度、吊索长度、负载长度和质量比。悬索长度、吊索长度、负载长度和质量比对第 2 模态摆动频率的影响大于对第 1 模态摆动频率的影响。随着悬索长度和吊索长度的增加，第 1 模态摆动频率缓慢减小，而第 2 模态摆动频率急剧减小。同时，质量比

和负载大小仅对第 1 模态摆动频率有轻微影响。

如果吊钩质量被忽略不计，摆动角被假设为在平衡点附近小幅振荡，则可以得到一个简化的扭转动力学方程，为

$$\ddot{\gamma} + (\alpha_y \sin(2\gamma) + \alpha_x - \alpha_x \cos(2\gamma))\dot{\alpha}_x \dot{\theta} + (\alpha_x \sin(2\gamma) - 2\alpha_y \sin^2\gamma)\dot{\alpha}_y \dot{\theta} +$$

$$(\alpha_x \sin\gamma + \alpha_y \cos\gamma)(\alpha_y \sin\gamma - \alpha_x \cos\gamma) \cdot \dot{\theta}^2 + \ddot{\theta} - \alpha_y \cdot \ddot{\alpha}_x = 0 \qquad (6.14)$$

负载扭转加速度受横梁回转运动和负载摆动的影响。横梁回转运动是外激励，负载摆动可被认为是参数激励。在残余振荡阶段（无外激励），负载的扭转运动类似于简谐运动，扭转绕着负载摆动方向做往复运动。这是因为，负载扭转加速度是由负载的摆动运动引起的，因而负载沿负载的摆动运动方向来回扭转。扭转加速度的大小取决于负载摆动运动的幅值大小，同时扭转加速度的作用方向取决于负载的位置。当负载的摆动被限制为零时，负载承受的扭转加速度也会被降为零。然后，惯性效果将促使负载以某个恒定的扭转速度做旋转运动。

图 6.15 所示为不同初始扭转下，负载的扭转频率随负载摆动振幅变化和第 1 模态频率变化的曲线。由图可知负载的扭转频率低于第 1 模态摆动频率；摆动的振幅和频率对扭转的频率都有较大影响；扭转频率随着摆动振幅和摆动频率的增大而增大。这种影响可以从物理上解释为扭转加速度的幅值和方向交互作用的结果。当摆动的振幅和频率增大时，载荷在改变扭转加速度作用方向前（由正向变成负向，或者由负向变成正向）扭转速度也会加快，从而扭转频率就会增大。此外，在负载摆动为零的情况下，扭转频率为零，这是因为零负载摆动将导致零扭转加速度。因此，减小摆动的振幅和频率都会降低负载的扭转频率。

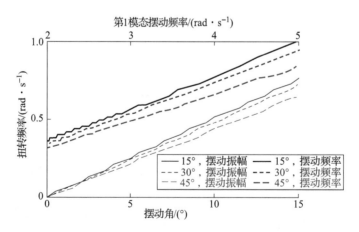

图 6.15　负载扭转频率随摆动振幅和摆动频率的变化 (附彩图)

初始扭转对扭转动力学也有较大影响。图6.15还显示了15°、30°和45°初始扭转下的负载扭转动力学特性，扭转频率随着初始扭转的增大而减小。这种影响也可以解释为扭转加速度的大小和方向相互作用的结果。当初始扭转增加时，在改变扭转加速度方向前需要多旋转一段距离，因而频率会降低。负载扭转的复杂动力学特性对负载的初始扭转敏感，因此梁负载的扭转运动表现出强烈的非线性动力学特性。

6.2.3 实验

在图6.11所示实验台上进行动力学行为验证和光滑器振荡控制效果验证。小车在横梁位置固定在75 cm处。一个网球安顿一个细长梁被用作吊钩和负载。悬索和吊索都使用"大力马"钓鱼线。吊钩质量、负载质量、负载长度、悬索长度和吊索长度设置为32 g、155 g、29.7 cm、54 cm和16 cm。

为了检测负载上两个标记的位移，在横梁上安装摄像机，并将摄像机速率设置为30帧/s。两个标记的位移用来检测负载摆动位移和扭转。对两个标记的位移求平均，就可以得到负载摆动的位移。负载扭转速度可以用反正切函数来求得。

图6.16展示了塔式起重机（带光滑器）的整体控制结构。信号控制接口产生一个原始的梯形速度命令，然后经由光滑器光滑处理后，生成一个光滑的速度命令，该整形后的命令便可以驱动电动机旋转臂（或移动小车），实现抑制负载残余摆动和扭转运动。使用起重机的4个固定参数——悬索长度 l_s、吊索长度 l_r、分布质量细长梁长度 l_p 和质量比 c，并应用起重机第1模态摆动频率公式来计算光滑器的设计频率，从而设计两段光滑器。

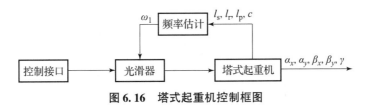

图6.16 塔式起重机控制框图

图6.17所示为在80°驱动角位移下有/无光滑器作用时的负载质心摆动轨迹对比。横坐标和纵坐标分别代表负载质心的径向振幅（即沿着吊臂方向）和切向振幅（即垂直于吊臂方向）。图中坐标原点代表负载质心的静止平衡点。无控制器作用时，负载质心最大残余摆动量的实验值与仿真值分别为105.66 mm和95.27 mm，而在光滑器作用下，负载摆动的实验值和仿真值分别为9.87 mm和0.95 mm。从数据上分析，光滑器很好地抑制了负载的残余摆动，实验和仿真的抑制率分别为90.66%和99.00%。从图中光滑器作用后的轨迹可以看出，负载质心的摆动像被限制在原点附近做小幅度的摆

动运动。从图 6.17 可以得出结论，在 80°驱动角位移下，光滑器可以很好地抑制负载的残余摆动，抑制率超过 90%。

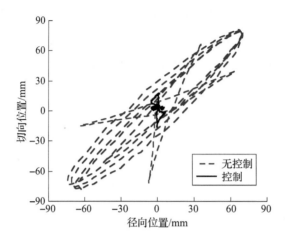

图 6.17　负载质心摆动实验响应（附彩图）

图 6.18 所示为在 80°驱动角位移下有/无光滑器作用时负载残余扭转速度对比。无光滑器作用时，负载扭转运动的瞬态阶段近似为 0 ~ 4 s，而在光滑器的作用下，瞬态阶段被延长为 0 ~ 7 s。无光滑器作用下，负载最大残余扭转速度的实验值与仿真值分别为 21.86°/s 和 22.88°/s，而在光滑器作用下负载最大残余扭转速度的实验值和仿真值分别为 6.79°/s 和 0.02°/s。从数据上分析，光滑器抑制了负载残余扭转速度的最大幅值，实验和仿真的抑制率分别为 68.94% 和 99.91%。

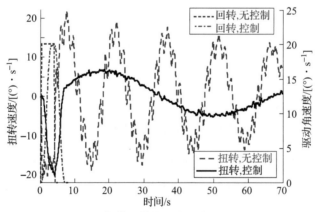

图 6.18　负载扭转的实验响应（附彩图）

该驱动角位移下，仿真的扭转速度也基本上被抑制为零，这也符合设计的光滑器对理论模型的抑制效果，即零残余振动抑制效果。同样，由于使用的光滑器的设计频率不是最匹配当前实验台，实验中有一些残余振动未被完全抑制，导致抑制效果稍逊色一些, 但也已经有很不错的抑制作用。同时, 在该驱动角位移下, 光滑器的抑制作用也降低了负载的扭转频率, 从实验值的 0.43 rad/s 抑制为 0.10 rad/s, 即负载扭转速度的变化周期也增长了, 负载扭转运动的激烈程度也被削弱了。综合来看, 在 80°驱动角位移下, 光滑器不仅抑制了负载的扭转速度幅值, 也降低了扭转速度的频率。

图 6.19 所示为不同驱动角位移下, 有/无光滑器时负载残余摆动最大振幅对比。横坐标代表回转电动机的驱动角位移范围在 0°~100°, 纵坐标代表残余振幅值。使用未经过光滑整形处理的梯形指令驱动吊臂电动机, 当吊臂驱动角位移增加时, 负载残余摆动的最大振幅出现交替的波峰和波谷变化。但是, 经过光滑器作用后, 负载残余摆动的最大振幅变化与吊臂驱动角位移无关, 这是因为光滑器消除了负载的大部分残余摆动。对光滑器作用下的仿真结果和实验结果进行对比可知, 光滑器作用的实验结果略微差于仿真结果, 这是仿真模型的建模差异和较小的不确定性造成的。

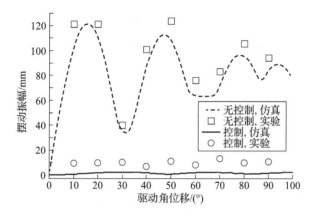

图 6.19　驱动角位移对负载摆动的影响

图 6.20 展示了驱动角位移对负载扭转的影响。利用 MATLAB 软件里的快速傅里叶变换对仿真数据和实验数据进行扭转频率的计算, 从而得到不同驱动角位移下的扭转频率。随着吊臂驱动角位移的变化, 负载的扭转速度幅值和扭转频率也会出现波峰和波谷。当摆动幅值达到最大值时, 负载承受的扭转加速度也达到最大值, 从而使负载的扭转速度幅值和扭转频率均达到峰值。这种现象如前面对塔式起重机动力学模型进行分析预测的那样, 增加摆动幅值会引起负载扭转速度幅值和频率的增加。在光滑器的作用下, 残余扭转速度的实验值随着吊臂电动机驱动角位移的增加而增加, 这是因为塔式起重机仿真模型是无阻尼的, 而实验台系统是存在一些小的阻尼的。小的阻尼会破坏光滑器对吊臂电动机长距离运动时负载的振动抑制效果。实验结果与仿真结果基本保持一致。光滑器使实验摆幅、扭转速度振幅和扭转频率分别平均降低了 89.8%、71.7% 和 71.0%。实验结果验证了塔式起重机模型的动力学特性和光滑器对负载残余

摆动和扭转运动抑制的有效性。

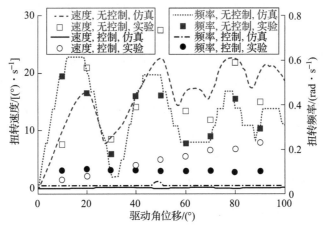

图 6.20　驱动角位移对负载扭转的影响（附彩图）

光滑器在实际使用中，需要先对塔式起重机负载系统的结构参数值进行估算，才能计算对应的控制器设计频率。由于工程测量估算肯定会存在偏差，而且设备在工作过程中各个参数可能会时刻改变，因此估算的设计频率与真实的频率会存在偏差，即频率估计不准确。那么基于有偏差的设计频率设计的光滑器对于负载残余摆动和扭转运动是否还有足够满意的抑制效果呢？这就需要分析光滑器鲁棒性的强弱。鲁棒性是指控制器在一定的参数误差变化下，依然能维持其性能的特性。这种特性是控制器能否应用到工程实际的关键指标。

针对光滑器鲁棒性分析，本节设计了鲁棒性实验方案。选定在吊臂电动机 80° 驱动角位移下，其余起重机结构参数和速度参数均不变进行实验。光滑器理论计算的频率为 $\omega_1 = 6.032$ rad/s，这个频率认为是模型的准确频率，设为基准频率。定义光滑器的设计频率为 ω_0。在实际工程应用中，对模型参数的估计计算不准确，这会导致光滑器设计频率 ω_0 不准确，会偏离系统的理论频率 ω_1。这样，鲁棒性实验便可以设计为：选定一个较合理的范围区间，人为更改设计频率 ω_0 来设计对应的光滑器，通过实验来测试光滑器的抑制效果。将设计频率 ω_0 与理论频率 ω_1 的比值定义为系统的归一化频率 ω_1/ω_0，选择归一化频率区间为 0.6～1.4，对应的设计频率 ω_0 区间为2.419～5.645 rad/s。选取归一化频率为 0.6（2.419 rad/s）、0.8（3.226 rad/s）、1.0（6.032 rad/s）、1.2（6.838 rad/s）和 1.4（5.645 rad/s）5 个点进行鲁棒性实验。由于归一化频率为 1.0 的光滑器实验已经做过，该部分做其余 4 个点的实验即可。

图 6.21 和图 6.22 分别为 80°驱动角位移下、不同归一化频率时，负载的残余摆动和残余扭转速度的时域对比曲线。归一化频率为 1 时，负载摆动和扭转的残余振幅分

别为 9.9 mm 和 6.8°/s。不受控制的响应摆动和扭转的残余振幅分别为 105.7 mm 和 21.9°/s。当归一化频率为 0.8（对应于 3.226 rad/s 的设计频率）时，摆动和扭转的残余振幅分别为 11.1 mm 和 8.0°/s。当归一化频率设定为 1.2（对应于 4.839 rad/s 的设计频率）时，摆动和扭转的残余振幅分别为 18.6 mm 和 8.3°/s。归一化频率为 0.6 时，摆动和扭转的残余振幅分别为 10.1 mm 和 7.6°/s；归一化频率为 1.4 时，摆动和扭转的残余振幅分别为 36.8 mm 和 9.0°/s。图 6.21 表明，增加光滑器设计频率的模型误差，控制器的负载摆动抑制效果会变差，负载的残余摆动量逐渐增加。光滑器具有低通滤波特性，归一化频率小于 1 时，载荷的残余摆动对建模误差并不敏感，负载的残余摆动被限制在一个很小的范围内。图 6.22 表明，光滑器作用下，残余扭转速度响应对于设计频率的模型误差并不敏感，残余速度幅值和频率基本保持不变。总之，光滑器将负载的残余摆动和扭转均限制到较低水平，并且为频率中的模型误差提供了很强的鲁棒性。

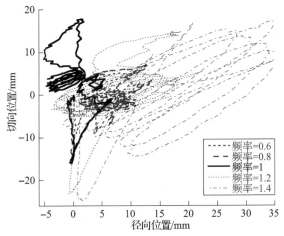

图 6.21 频率模型误差对负载摆动的影响（附彩图）

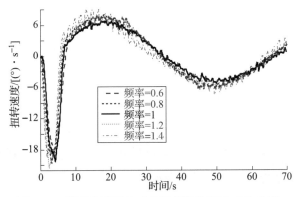

图 6.22 频率模型误差对负载扭转的影响（附彩图）

实验结果表明，随着频率建模误差的增大，负载摆动逐渐增大。由于低通滤波特性，负载摆动在低频表现出不敏感性。实验结果显示，被控扭转响应也对频率建模误差表现出不敏感性。光滑器抑制负载的摆动和扭转到很低限度，对频率建模误差表现出很好的不敏感性。

6.3 直升机吊挂

直升机可以作为空中起重机将大尺寸负载悬挂在机身下方，用于货物空中运输服务。然而，由于直升机的姿态、负载摆动和负载扭转之间的耦合效应，飞行员操纵直升机移动大型负载是一项不太容易的事情，需要飞行员有足够丰富的经验。尽管在直升机悬挂负载运输上有学者已经取得一些成果，但关于直升机运输大尺寸负载扭转的动力学和控制的研究很少。本章针对三维空间中的直升机吊挂提出了一种非线性动力学模型，并用于设计振荡控制方法，以便有利于直升机吊挂负载时安全飞行。模拟仿真中提出的技术成果表明，所提出的方法可以控制直升机的姿态、负载摆动和负载扭转。

6.3.1 动力学

图 6.23 给出了直升机运输双摆均质梁的示意图。直升机的运动分为 x、y 方向上的位移，俯仰姿态 θ_v 和侧倾姿态 φ_v。假设 $V_x V_y V_z$ 是固定在直升机上的移动笛卡儿坐标，使得惯性坐标 $N_x N_y N_z$ 可以通过旋转俯仰姿态 θ_v、侧倾姿态 φ_v 而被转换为移动坐标 $V_x V_y V_z$。直升机的质量是 m_v，关于 V_x、V_y、V_z 轴的惯性矩分别是 I_{xx}、I_{yy} 和 I_{zz}。直升机质心 C 与旋翼之间的距离是 a。旋翼的纵向偏移角是 φ_R，是旋翼产生的升力 F 与 $V_x V_z$ 平面之间的夹角，而横向旋翼偏移角 θ_R 是升力 F 投影在 $V_x V_z$ 平面和 V_z 轴上的夹角。

负载和直升机通过绳子连接，连接点在直升机下腹部，质心的下方。直升机重心 C 与负载悬挂点 P 之间的距离为 b。假设无质量绳索是无弹性的，长度为 l_s，悬挂在直升机下方并连接一个质量为 m_h 的吊钩。负载为均质负载，表示负载的不同位置密度都相同，负载的质量均匀分布，没有不规则的形状。负载的吊挂是一个二级摆动系统，其中一级吊挂角度是 α_x、α_y，二级吊挂的夹角是 β_x、β_y。负载是均质梁，将会在空间运动中出现扭转的动力学现象，故扭转的角度是 γ。

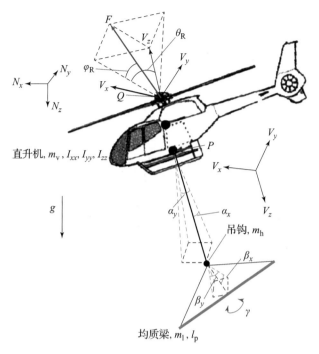

图 6.23　物理模型（附彩图）

绳索的横向摆角 α_y 是绳索与 $V_x V_z$ 平面之间的夹角，而绳索的纵向摆角 α_x 为 V_z 轴与绳索之间的夹角。在 $V_x V_z$ 平面中，梁的质量均匀分布，质量是 m_1。同样，假设负载梁只考虑长度，梁的横截面为矩形，因为梁的宽度和高度相对于长度很小，以至于在建模中不再考虑，则长度为 l_1，通过两根长度为 l_g 的绳子连接到吊钩，梁的质心位于点 S。相对于绳索的二阶负载摆动角为 β_x 和 β_y，绳索的负载扭转角（也称为负载偏航角）为 γ。

升力 F 沿着直升机坐标系垂直方向向上，升力在牛顿坐标系下的垂直分力将始终抵消系统的重力，以保证直升机吊挂运输系统在垂直方向上始终处于静止位置。模型的输入螺旋桨相对于直升机坐标系下的两个偏移角度为 θ_R、φ_R。直升机旋翼的输入会改变姿态角 θ_v、φ_v，从而向前（向后）飞行、侧飞或者悬停。本节主要研究的是直升机运输过程中直线飞行的情况，忽略了直升机垂直方向的移动（起飞和降落），因此直升机的输出自由度有姿态角 θ_v、φ_v 和沿 x、y 轴飞行位移。

近悬停模型的输入是升力角 θ_R 和 φ_R；输出是直升机位移 x、y，姿态角 θ_v、φ_v，绳索摆角 α_x、α_y、β_x、β_y 和扭转角 γ。该模型假设吊钩是一个质点。由于直升机处于近悬停状态，负载的质量相对较大，绳索长度也比较长，所以旋翼所产生的空气动力学影响可以忽略不计。

直升机的动能为

$$T_{\mathrm{v}} = \frac{m_{\mathrm{v}}\dot{x}^2}{2} + \frac{m_{\mathrm{v}}\dot{y}^2}{2} + \frac{I_{xx}\dot{\varphi}_{\mathrm{v}}^2}{2} + \frac{I_{yy}(\cos\varphi_{\mathrm{v}}\cdot\dot{\theta}_{\mathrm{v}})^2}{2} + \frac{I_{zz}(\sin\varphi_{\mathrm{v}}\cdot\dot{\theta}_{\mathrm{v}})^2}{2} \qquad (6.15)$$

直升机质心为零势能面，其势能为

$$V_{\mathrm{v}} = 0 \qquad (6.16)$$

吊钩的动能是

$$T_{\mathrm{h}} = \frac{m_{\mathrm{h}}\dot{x}^2}{2} + \frac{m_{\mathrm{h}}\dot{y}^2}{2} + \frac{m_{\mathrm{h}}}{2}(h_4\dot{\theta}_{\mathrm{v}})^2 + \frac{m_{\mathrm{h}}}{2}(b\dot{\varphi}_{\mathrm{v}})^2 +$$

$$\frac{m_{\mathrm{h}}}{2}(h_{13}\dot{\theta}_{\mathrm{v}} - h_{14}\dot{\varphi}_{\mathrm{v}} - h_{15}\dot{\alpha}_y)^2 + \frac{m_{\mathrm{h}}}{2}(-l_s\dot{\alpha}_x - h_{16}\dot{\varphi}_{\mathrm{v}} + h_{17}\dot{\theta}_{\mathrm{v}})^2 \qquad (6.17)$$

式中，$h_4, h_{13}, h_{14}, h_{15}, h_{16}, h_{17}$——系数。

吊钩的势能为

$$V_{\mathrm{h}} = (l_s h_{133} + b h_{137})\cdot m_{\mathrm{h}}g \qquad (6.18)$$

式中，g——引力常数。

负载的动能是

$$T_1 = \frac{m_1\dot{x}^2}{2} + \frac{m_1\dot{y}^2}{2} + \frac{m_1}{2}(h_4\dot{\theta}_{\mathrm{v}})^2 + \frac{m_1}{2}(-b\dot{\varphi}_{\mathrm{v}})^2 +$$

$$\frac{m_1}{2}(h_{13}\dot{\theta}_{\mathrm{v}} - h_{14}\dot{\varphi}_{\mathrm{v}} - h_{14}\dot{\alpha}_y)^2 + \frac{m_1}{2}(-l_s\dot{\alpha}_x - h_{16}\dot{\varphi}_{\mathrm{v}} + h_{17}\dot{\theta}_{\mathrm{v}})^2 +$$

$$\frac{m_1}{2}(h_{102}\dot{\alpha}_x + h_{103}\dot{\varphi}_{\mathrm{v}} + h_{104}\dot{\theta}_{\mathrm{v}} - h_{105}\dot{\alpha}_y)^2 +$$

$$\frac{m_1}{2}(-h_{106}\dot{\alpha}_x - h_{107}\dot{\varphi}_{\mathrm{v}} - h_{108}\dot{\theta}_{\mathrm{v}} + h_{109}\dot{\alpha}_y)^2 +$$

$$\frac{m_1}{2}l_y^2\dot{\beta}_x^2 + \frac{m_1}{2}h_{110}^2\dot{\beta}_y^2 + \frac{I_1}{2}\dot{\gamma}^2 \qquad (6.19)$$

负载的势能是

$$V_1 = (l_y h_{146} + l_s h_{133} + b h_{137})\cdot m_1 g \qquad (6.20)$$

式中，$h_{102}, h_{103}, h_{104}, h_{105}, h_{106}, h_{107}, h_{108}, h_{109}, h_{110}, h_{146}, h_{133}, h_{137}$——系数；

$$l_y = \sqrt{l_g^2 - 0.25 l_1^2} \qquad (6.21)$$

因此，系统的总动能和势能可写为

$$T = T_{\mathrm{v}} + T_{\mathrm{h}} + T_1 \qquad (6.22)$$

$$V = V_{\mathrm{v}} + V_{\mathrm{h}} + V_1 \qquad (6.23)$$

在飞行中螺旋桨产生的升力为运动过程中的广义力，其表达式为

$$F = -\frac{m_\mathrm{v}g + m_1g + m_\mathrm{h}g}{\cos\varphi_\mathrm{R}\cos\theta_\mathrm{R}\cos\varphi_\mathrm{v}\cos\theta_\mathrm{v} - \sin\varphi_\mathrm{R}\sin\varphi_\mathrm{v}\cos\theta_\mathrm{v} - \cos\varphi_\mathrm{R}\sin\theta_\mathrm{R}\sin\theta_\mathrm{v}} \tag{6.24}$$

最终，使用广义拉格朗日能量法可得出动力学方程为

$$\begin{pmatrix} \ddot{x} \\ \ddot{y} \\ \ddot{\theta}_\mathrm{v} \\ \ddot{\varphi}_\mathrm{v} \\ \ddot{\alpha}_x \\ \ddot{\alpha}_y \\ \ddot{\beta}_x \\ \ddot{\beta}_y \\ \ddot{\gamma} \end{pmatrix} = f \begin{pmatrix} \dot{x}, & \dot{y}, & \dot{\theta}_\mathrm{v}, & \dot{\varphi}_\mathrm{v}, & \dot{\alpha}_x, & \dot{\alpha}_y, & \dot{\beta}_x, & \dot{\beta}_y, & \dot{\gamma}, \\ x, & y, & \theta_\mathrm{v}, & \varphi_\mathrm{v}, & \alpha_x, & \alpha_y, & \beta_x, & \beta_y, & \gamma, \\ & \ddot{\theta}_\mathrm{R}, & \dot{\theta}_\mathrm{R}, & \theta_\mathrm{R}, & \ddot{\varphi}_\mathrm{R}, & \dot{\varphi}_\mathrm{R}, & \varphi_\mathrm{R} \end{pmatrix} \tag{6.25}$$

6.3.2　振荡控制

本节使用一种包括反馈控制器和开环控制器的混合控制器，前者控制直升机的姿态，后者抑制负载振荡。模型跟踪控制器（MFC）通过追踪规定模型的状态并减少跟踪误差来调节直升机的姿态，而光滑命令整形控制器通过光滑飞行员的指令来减少负载摆动和扭转。混合控制架构如图 6.24 所示。系统参数用于估算频率，设计更光滑的开环控制器频率。飞行员的命令与光滑器进行卷积，以创建平滑的命令，并且它以最小的负载振荡将直升机移动到期望的位置。测量直升机的姿态，通过 MFC 控制器在闭环中来调整螺旋桨的偏转角。

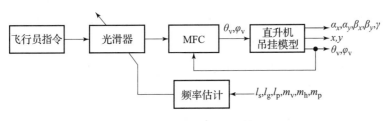

图 6.24　混合控制架构

1. 姿态调节

由于式（6.25）所示的具有均匀分布质量梁的直升机的动力学方程过于复杂，无法据此设计控制器，因此在此提出一种简化模型——没有吊挂负载，设计模型跟

踪控制器（因为模型跟踪控制器主要是控制直升机的飞行姿态），然后根据悬挂负载的需要来改进设计结果。最后，将控制器应用于式（6.25）均匀分布质量梁的直升机动力学方程中，以测试其控制性能。通过忽略式（6.25）中的负载摆动和扭转得出简化模型：

$$\begin{cases} I_{xx}\ddot{\varphi}_v \cos(\varphi_R + \varphi_x) = a \cdot g \cdot m_v \cdot \sin \varphi_R \\ I_{yy}\ddot{\theta}_v \cos(\theta_R + \theta_v) = a \cdot g \cdot m_v \cdot \sin \theta_R \\ \ddot{y} = g \cdot \tan(\varphi_R + \varphi_v) \\ \ddot{x} = g \cdot \tan(\theta_R + \theta_v) \end{cases} \quad (6.26)$$

假设螺旋桨偏移角度和姿态角都很小，从式（6.26）得到线性化模型。依据线性化模型来设计模型跟踪控制器：

$$\begin{cases} \ddot{\varphi}_{vm} + 2\zeta_p \omega_p \dot{\varphi}_{vm} + \omega_p^2 \cdot \varphi_{vm} = \omega_p^2 \cdot c_x \\ \ddot{\theta}_{vm} + 2\zeta_p \omega_p \dot{\theta}_{vm} + \omega_p^2 \cdot \theta_{vm} = \omega_p^2 \cdot c_y \\ \varphi_R = \dfrac{I_{xx}\ddot{\varphi}_{vm}}{a \cdot g \cdot m_v} + k_{xd} \cdot (\dot{\varphi}_{vm} - \dot{\varphi}_v) + k_{xp} \cdot (\varphi_{vm} - \varphi_v) \\ \theta_R = \dfrac{I_{yy}\ddot{\theta}_{vm}}{a \cdot g \cdot m_v} + k_{yd} \cdot (\dot{\theta}_{vm} - \dot{\theta}_v) + k_{yp} \cdot (\theta_{vm} - \theta_v) \end{cases} \quad (6.27)$$

式中，ζ_p——模型的阻尼比；

ω_p——模型的频率；

c_y, c_x——沿 N_x 和 N_y 方向光滑的飞行员命令；

$\theta_{vm}, \varphi_{vm}$——沿 N_x 和 N_y 方向的模型输出；

$k_{xp}, k_{xd}, k_{yp}, k_{yd}$——控制增益。

式（6.27）中的前两个方程是系统模型。规定的模型需要有合理的阻尼比（0.707）和合理的上升时间（≤2 s），对应的特征值约为 $-2 \pm 2i$；通过极点配置计算出规定模型的频率 ω_p 为 2.83 rad/s。

式（6.27）中的最后两个方程是渐近跟踪控制律。考虑到直升机和负载之间的耦合，于是将跟踪控制器的所需极点设计为 $-18 \pm 6.7i$。直升机质量 m_v 为 6 000 kg；距离 a 为 3.5 m；转动惯量 I_{xx}、I_{yy}、I_{zz} 分别为 20 500 kg·m²、17 450 kg·m²、19 750 kg·m²。因此，通过使用极点配置方法的控制增益 k_{xp}、k_{xd}、k_{yp} 和 k_{yd} 分别估计为 33.916、3.053、39.845 和 3.586。

2. 摆动抑制

本节提出另一个简化模型，主要针对负载摆动和扭转，忽略了直升机在式

（6.25）中的姿态。特别地，简化模型还假设梁运动方向与飞行方向一致。简化的动力学模型为

$$
\begin{cases}
(c \cdot R^2 + e \cdot l_x^2 + c \cdot l_x^2 + c \cdot l_y^2 + 2c \cdot l_x \cdot l_y \cdot \cos\beta_x) \cdot \ddot{\alpha}_x + \\
\quad c \cdot (R^2 + l_y^2 + l_x \cdot l_y \cdot \cos\beta_x) \cdot \ddot{\beta}_x - c \cdot l_x \cdot l_y \cdot \sin\beta_x \cdot (\dot{\beta}_x^2 + 2\dot{\alpha}_x\dot{\beta}_x) + \\
\quad [e \cdot l_x \cdot \cos\alpha_x + c \cdot l_x \cdot \cos\alpha_x + c \cdot l_y \cdot \cos(\alpha_x + \beta_x)] \cdot \ddot{x} + \\
\quad g \cdot c \cdot l_y \cdot \sin(\alpha_x + \beta_x) + g \cdot (e + c) \cdot l_x \cdot \sin\alpha_x = 0 \\
(R^2 + l_y^2 + l_x \cdot l_y \cdot \cos\beta_x) \cdot \ddot{\alpha}_x + (R^2 + l_y^2) \cdot \ddot{\beta}_x + l_y \cdot \cos(\alpha_x + \beta_x) \cdot \ddot{x} + \\
\quad l_x \cdot l_y \cdot \sin\beta_x \cdot \dot{\alpha}_x^2 + g \cdot l_y \cdot \sin(\alpha_x + \beta_x) = 0 \\
[e \cdot l_x \cdot \cos\alpha_x + c \cdot l_x \cdot \cos\alpha_x + c \cdot l_y \cdot \cos(\alpha_x + \beta_x)] \cdot \ddot{\alpha}_x + \\
\quad c \cdot l_y \cdot \cos(\alpha_x + \beta_x) \cdot \ddot{\beta}_x + (1 + e + c) \cdot \ddot{y} - e \cdot l_x \cdot \sin\alpha_x \cdot \dot{\alpha}_x^2 - \\
\quad c \cdot l_y \cdot \sin(\alpha_x + \beta_x) \cdot (\dot{\alpha}_x + \dot{\beta}_x)2 - c \cdot l_x \cdot \sin\alpha_x \cdot \dot{\alpha}_x^2 = 0
\end{cases}
\tag{6.28}
$$

式中，

$$
R = l_{\mathrm{p}}/2\sqrt{3}
\tag{6.29}
$$

$$
l_x = l_s + a + b
\tag{6.30}
$$

吊钩质量与直升机质量的比率是 e，而负载质量与直升机质量的比率是 c。假设负载摆动角在平衡位置附近较小。由式（6.29）得到的双摆摆动的线性化频率为

$$
\omega_{1,2} = \sqrt{\frac{g(w \mp v)}{2l_x}}
\tag{6.31}
$$

式中，

$$
w = \frac{1}{e \cdot l_y^2 + (c + e) \cdot R^2}[(e^2 + e + c + e \cdot c) \cdot l_y^2 + (e + c) \cdot l_y \cdot l_x +
$$
$$
(e^2 + c^2 + 2e \cdot c + c + e) \cdot R^2]
\tag{6.32}
$$

$$
v = \sqrt{w^2 - \frac{4(e^2 + c^2 + 2e \cdot c + e + c) \cdot l_y \cdot l_x}{e \cdot l_y^2 + (e + c) \cdot R^2}}
\tag{6.33}
$$

三维简化模型可视为两个非耦合二阶系统，其频率如式（6.31）所示。对于光滑器的设计，可以假设负载摆动的阻尼为零，通过负载摆动的第 1 模态频率方程（式（6.31））的估计来设计光滑器。光滑器具有低通滤波效果，可以抑制高模态摆动。

6.3.3　仿真

在仿真中，吊钩质量 m_h、负载质量 m_p、悬索长度 l_s、吊索长度 l_g、负载长度 l_p、距离 b 分别为 50 kg、2 000 kg、15 m、7 m、10 m、5 m。首先，加速直升机向前飞行，沿 N_y 方向移动；然后，将飞行速度保持在恒定值 46 km/h。在行程结束时，直升机减速，停在距离目标位置 3.2 km 处。图 6.25 ~ 图 6.28 给出了对应的仿真结果。

图 6.25 给出了直升机姿态的仿真响应。模型跟踪控制器作用下，直升机姿态的峰峰振幅是 7.5°。模型跟踪控制器和光滑器复合作用下，直升机姿态的峰峰振幅是 5.5°。直升机姿态的过渡过程时间被定义为残余响应进入 0.5° 所需的时间。模型跟踪控制器作用下，过渡过程时间是 219.1 s。模型跟踪控制器和光滑器复合作用下，过渡过程时间是 11.9 s。因此，复合控制方法可以消减更多的直升机姿态振荡。另外，直升机姿态的振荡频率小于模型跟踪控制器的设计频率和负载摆动的第 1 模态频率，这是因为直升机与吊挂负载之间存在复杂的耦合效果。

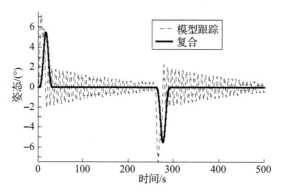

图 6.25　直升机姿态的仿真响应（附彩图）

图 6.26 给出了负载振荡偏移量的仿真响应。模型跟踪控制器作用下，负载质心偏移量的峰峰振幅是 3.6 m，过渡过程时间是 173.5 s。负载质心偏移量的过渡过程时间被定义为残余响应进入 $0.01(l_s + l_y)$ 所需的时间。模型跟踪控制器和光滑器复合作用下，负载质心偏移量的峰峰振幅是 1.8 m，过渡过程时间是 7.1 s。因此，模型跟踪控制器和光滑器复合控制的方法能消减更多负载振荡。另外，图 6.26 中负载偏移量的振荡频率与图 6.25 所示中直升机姿态的振荡频率相等，这是直升机与负载振荡之间耦合作用的结果。

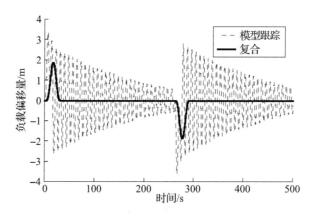

图 6.26 负载振荡偏移量的仿真响应（附彩图）

图 6.27 给出了负载扭转速度和加速度的仿真响应。在模型跟踪控制作用下，局部极小值点出现在扭转速度曲线中的 30 s、200 s 和 360 s 附近。同时，局部极大值点出现在 100 s 和 300 s 附近。这是加（减）速引起振荡时而同相、时而反相的结果。扭转速度曲线在局部极大值点和局部极小值点以后会趋于恒定数值。这是由于负载扭转的频率取决于负载摆动的振幅。模型跟踪控制器作用下，扭转速度的残余振幅是 $0.37°/s$。在模型跟踪控制器和光滑器复合作用下，扭转速度的残余振幅是 $0.08°/s$。复合控制方法将扭转速度抑制到非常低的限度，有助于安全运载。

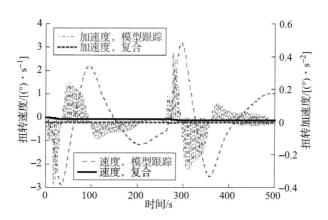

图 6.27 负载扭转速度和加速度的仿真响应（附彩图）

图 6.28 给出了旋翼角的仿真响应。在模型跟踪控制作用下，旋翼角峰峰振幅是 $0.78°$。在模型跟踪和光滑器复合作用下，旋翼角峰峰振幅是 $0.039°$。图 6.28 中的旋翼角频率与图 6.25 中的直升机姿态频率、图 6.26 中的负载摆动频率相同。这是因为直升机和负载之间有耦合作用，通过调节旋翼角产生了直升机姿态的阻尼效果。

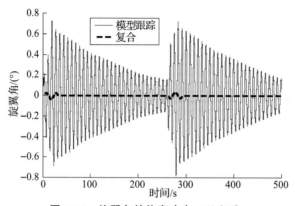

图 6.28　旋翼角的仿真响应（附彩图）

参 考 文 献

［1］ KHALIL H K, GRIZZLE J W. Nonlinear systems ［M］. Upper Saddle River：Prentice Hall, 2002.

［2］ 胡海岩. 机械振动基础［M］. 北京：北京航空航天大学出版社, 2005.

［3］ WAGG D J, NEILD S A. Nonlinear vibration with control ［M］. Berlin：Springer – Verlag, 2009.

［4］ KOVACIC I, BRENNAN M J. The Duffing equation：nonlinear oscillators and their behaviour ［M］. New Jersey：John Wiley & Sons, 2011.

［5］ RAND R H. Lecture notes on nonlinear vibrations ［EB/OL］. (2011 – 09 – 02)［2020 – 02 – 11］http://pi. math. cornell. edu/ ~ rand/randdocs/nlvib34a. pdf.

［6］ BANERJEE A K. Flexible multibody dynamics：efficient formulations and applications ［M］. New Jersey：John Wiley & Sons, 2016.

［7］ 蔡自兴. 智能控制原理与应用［M］. 北京：清华大学出版社, 2019.

［8］ 黄杰. 新减振技术［M］. 北京：北京理工大学出版社, 2020.

［9］ DUKES T. Maneuvering heavy sling loads near hover part I：damping the pendulous mode ［J］. Journal of the American Helicopter Society, 1973, 18 (2)：2 – 11.

［10］ GUPTA N, BRYSON A. Near – hover control of a helicopter with a hanging load ［J］. Journal of Aircraft, 1973, 13：217 – 222.

［11］ HALL W, BRYSON A. Inclusion of rotor dynamics in controller design for helicopters ［J］. Journal of aircraft, 1973, 10 (4)：200 – 206.

［12］ HUTTO A. Flight – test report on the heavy – lift helicopter flight – control system ［J］. Journal of the American Helicopter Society, 1976, 21 (1)：32 – 40.

［13］ BOOK W. Recursive lagrangian dynamics of flexible manipulator arms ［J］. The international journal of robotics research, 1984, 3 (3)：87 – 101.

［14］ STARR G P. Swing – free transport of suspended objects with a path – controlled robot manipulator ［J］. Journal of dynamic systems, measurement, and control, 1985, 107 (1)：97 – 100.

［15］ USORO P B, NADIRA R, MAHIL S S. A finite element/Lagrange approach to modeling lightweight flexible manipulators ［J］. Journal of dynamic systems, measurement, and control, 1986, 108 (3)：198 – 205.

［16］ BAYO E, PADEN B. On trajectory generation for flexible robots ［J］. Journal of robotic systems, 1987, 4 (2): 229 – 235.

［17］ MUTO K, KASAI Y, NAKAHARA M. Experimental tests for suppression effects of water restraint plates on sloshing of a water pool ［J］. Journal of pressure vessel technology, 1988, 110 (3): 240 – 246.

［18］ PERTERSON L, CRAWLEY E, HANSMAN R. Nonlinear fluid slosh coupled to the dynamics of spacecraft ［J］. AIAA journal, 1989, 27 (9): 1230 – 1240.

［19］ SASIADEK J Z, SRINIVASAN R. Dynamic modeling and adaptive control of a single – link flexible manipulator ［J］. Journal of guidance, control, and dynamics, 1989, 12 (6): 838 – 844.

［20］ FELIU V, RATTAN K S, BROWN H B. Adaptive control of a single – link flexible manipulator ［J］. IEEE control systems magazine, 1990, 10 (2): 29 – 33.

［21］ YEUNG K S, CHEN Y P. Sliding – mode controller design of a single – link flexible manipulator under gravity ［J］. International journal of control, 1990, 52 (1): 101 – 117.

［22］ SINGER N C, SEERING W P. Preshaping command inputs to reduce system vibration ［J］. Journal of dynamic systems, measurement, and control, 1990, 112: 76 – 82.

［23］ SIMON D, ISIK C. Optimal trigonometric robot joint trajectories ［J］. Robotica, 1991, 9 (4): 379 – 386.

［24］ SINGHOSE W, SEERING W, SINGER N. Improving repeatability of coordinate measuring machines with shaped command signals ［J］. Precision engineering, 1995, 18 (2/3): 138 – 146.

［25］ CHOI S B, CHEONG C C, SHIN H C. Sliding mode control of vibration in a single – link flexible arm with parameter variations ［J］. Journal of sound and vibration, 1995, 179 (5): 737 – 748.

［26］ YOSHIKAWA T, HOSODA K. Modeling of flexible manipulators using virtual rigid links and passive joints ［J］. The international journal of robotics Research, 1996, 15 (3): 290 – 299.

［27］ YANG J H, LIAN F L, FU L C. Nonlinear adaptive control for flexible – link manipulators ［J］. IEEE transactions on robotics and automation, 1997, 13 (1): 140 – 148.

［28］ FEDDEMA J, DOHRMANN C, PARKER G, et al. Control for slosh – free motion of an open container [J]. IEEE control systems, 1997, 17 (1): 29 – 36.

[29] YABUNO H. Bifurcation control of parametrically excited Duffing system by a combined linear – plus – nonlinear feedback control [J]. Nonlinear dynamics, 1997, 12 (3): 263 – 274.

[30] HU H, DOWELL E H, VIRGIN L N. Resonances of a harmonically forced Duffing oscillator with time delay state feedback [J]. Nonlinear dynamics, 1998, 15 (4): 311 – 327.

[31] MODI V, MUNSHI S. An efficient liquid sloshing damper for vibration control [J]. Journal of fluids and structures, 1998, 12 (8): 1055 – 1071.

[32] SINGER N, SINGHOSE W, SEERING W. Comparison of filtering methods for reducing residual vibration [J]. European journal of control, 1999, 5: 208 – 218.

[33] IBRAHIM R, PILIPCHUK V, IKEDA T. Recent advances in liquid sloshing dynamics [J]. Applied mechanics reviews, 2001, 54 (2): 133.

[34] CHOURA S, YIGIT A S. Control of a two – link rigid – flexible manipulator with a moving payload mass [J]. Journal of sound and vibration, 2001, 243 (5): 883 – 897.

[35] TERASHIMA K, YANO K. Sloshing analysis and suppression control of tilting – type automatic pouring machine [J]. Control engineering practice, 2001, 9 (6): 607 – 620.

[36] CHANG T, SUN X. Analysis and control of monolithic piezoelectric nano – actuator [J]. IEEE transactions on control systems technology, 2001, 9 (1): 69 – 75.

[37] ERKORKMAZ K, ALTINTAS Y. High speed CNC system design, Part I: jerk limited trajectory generation and quintic spline interpolation [J]. International journal of machine tools and manufacture, 2001, 41 (9): 1323 – 1345.

[38] YANO K, TERASHIMA K. Robust liquid container transfer control for complete sloshing suppression [J]. IEEE transactions on control systems technology, 2001, 9 (3): 483 – 493.

[39] LIN J, LEWIS F L. Fuzzy controller for flexible – link robot arm by reduced – order techniques [J]. IEE proceedings – control theory and applications, 2002, 149 (3): 177 – 187.

[40] MASOUD Z, NAYFEH A, AL – MOUSA A. Delayed position – feedback controller for the reduction of payload pendulations of rotary cranes [J]. Journal of vibration and control, 2003, 9 (1/2): 257 – 277.

[41] CHANG T, GODBOLE K, HOU E. Optimal input shaper design for high – speed robotic workcells [J]. Journal of vibration and control, 2003, 9 (12): 1359 – 1376.

[42] ABDEL – RAHMAN E, NAYFEH A. Two – dimensional control for ship – mounted cranes: a feasibility study [J]. Journal of vibration and control, 2003, 9 (12): 1327 – 1342.

[43] TAKAGI K, NISHIMURA H. Control of a jib – type crane mounted on a flexible structure [J]. IEEE transactions on control systems technology, 2003, 11 (1): 32 – 42.

[44] MASOUD Z, NAYFEH A. Sway reduction on container cranes using delayed feedback controller [J]. Nonlinear dynamics, 2003, 34: 347 – 358.

[45] FALTINSEN O, ROGNEBAKKE O, TIMOKHA A. Resonant three – dimensional nonlinear sloshing in a square – base basin [J]. Journal of fluid mechanics, 2003, 487: 1 – 42.

[46] BISWAL K, BHATTACHARYYA S, SINHA P. Dynamic characteristics of liquid filled rectangular tank with baffles [J]. Journal of the Institution of Engineers, 2003, 84 (2): 145 – 148.

[47] KUANG J, LIN A, HO T. Dynamic responses of a globoidal cam system [J]. Journal of mechanical design, 2004, 126 (5): 909 – 915.

[48] RHIM S, BOOK W J. Adaptive time – delay command shaping filter for flexible manipulator control [J]. IEEE/ASME transactions on mechatronics, 2004, 9 (4): 619 – 626.

[49] BENOSMAN M, LE VEY G. Control of flexible manipulators: a survey [J]. Robotica, 2004, 22 (5): 533 – 545.

[50] MASOUD Z, DAQAQ M, NAYFEH N. Pendulation reduction on small ship – mounted telescopic cranes [J]. Journal of vibration and control, 2004, 10 (8): 1167 – 1179.

[51] OMAR H, NAYFEH A. Gain scheduling feedback control of tower cranes with friction compensation [J]. Journal of vibration and control, 2004, 10 (2): 269 – 289.

[52] MASOUD Z, NAYFEH A, NAYFEH N. Sway reduction of quay – side container cranes using delayed feedback controller: simulations and experiments [J]. Journal of vibration and control, 2005, 11 (8): 1103 – 1122.

[53] MASOUD Z N, DAQAQ M F. A Graphical approach to input – shaping control design

for container cranes with hoist [J]. IEEE transactions on control systems technology, 2005, 14 (6): 1070 – 1077.

[54] YANO K, TERASHIMA K. Sloshing suppression control of liquid transfer systems considering a 3 – D transfer path [J]. IEEE/ASME transactions on mechatronics, 2005, 20 (1): 8 – 16.

[55] SHAN J, LIU H, SUN D. Slewing and vibration control of a single – link flexible manipulator by positive position feedback [J]. Mechatronics, 2005, 15: 487 – 503.

[56] TIAN L, COLLINS C. Adaptive neuro – fuzzy control of a flexible manipulator [J]. Mechatronics, 2005, 15 (10): 1305 – 1320.

[57] SHAN J, LIU H T, SUN D. Modified input shaping for a rotating single – link flexible manipulator [J]. Journal of sound and vibration, 2005, 285 (1): 187 – 207.

[58] ACARMAN T, ÖZGÜNER Ü. Rollover prevention for heavy trucks using frequency shaped sliding mode control [J]. Vehicle system dynamics, 2006, 44 (10): 737 – 762.

[59] DWIVEDY S, EBERHARD P. Dynamic analysis of flexible manipulators, a literature review [J]. Mechanism and machine theory, 2006, 41 (7): 749 – 777.

[60] JI J C. Nonresonant Hopf bifurcations of a controlled van der Pol – Duffing oscillator [J]. Journal of sound and vibration, 2006, 297 (1): 183 – 199.

[61] LI X, JI J C, HANSEN C H, et al. The response of a Duffing – van der Pol oscillator under delayed feedback control [J]. Journal of sound and vibration, 2006, 291 (3): 644 – 655.

[62] AL – SWEITI Y, SÖFFKER D. Modeling and control of an elastic ship – mounted crane using variable gain model – based controller [J]. Journal of vibration and control, 2007, 13 (5): 657 – 685.

[63] YU H, LIN Y, CHU C. Robust modal vibration suppression of a flexible rotor [J]. Mechanical systems and signal processing, 2007, 21: 334 – 347.

[64] GÜRLEYÜK S S, CINAL S. Robust three – impulse sequence input shaper design [J]. Journal of vibration and control, 2007, 13 (12): 1807 – 1818.

[65] SORENSEN K, SINGHOSE W, DICKERSON S. A controller enabling precise positioning and sway reduction in bridge and gantry cranes [J]. Control engineering practice, 2007, 15 (7): 825 – 837.

[66] JNIFENE A. Active vibration control of flexible structures using delayed position feedback [J]. Systems & control letters, 2007, 56 (3): 215 – 222.

［67］ KAPUCU S, YILDIRIM N, YAVUZ H, et al. Suppression of residual vibration of a translating – swinging load by a flexible manipulator ［J］. Mechatronics, 2008, 18 (3): 121 –128.

［68］ SINGHOSE W, KIM D, KENISON M. Input shaping control of double – pendulum bridge crane oscillations ［J］. Journal of dynamic systems, measurement, and control, 2008, 130: 034504.

［69］ JIN Y, HU H. Dynamics of a Duffing oscillator with two time delays in feedback control under narrow – band random excitation ［J］. The transactions of the ASME: journal of computational and nonlinear dynamics, 2008, 3 (2): 021205.

［70］ JI J C, ZHANG N. Additive resonances of a controlled van der Pol – Duffing oscillator ［J］. Journal of sound and vibration, 2008, 315 (1): 22 –33.

［71］ FENG C, ZHU W. Asymptotic Lyapunov stability with probability one of Duffing oscillator subject to time – delayed feedback control and bounded noise excitation ［J］. Acta mechanica, 2009, 208 (1/2): 55 –62.

［72］ CHEN K S, YANG T S, OU K, et al. Design of command shapers for residual vibration suppression in Duffing nonlinear systems ［J］. Mechatronics, 2009, 19 (2): 184 –198.

［73］ BANDYOPADHYAY B, GANDHI P, KURODE S. Sliding mode observer based sliding mode controller for slosh – free motion through PID scheme ［J］. IEEE transactions on industrial electronics, 2009, 56 (9): 3432 –3442.

［74］ SINGHOSE W. Command shaping for flexible systems: a review of the first 50 years ［J］. International journal of precision engineering and manufacturing, 2009, 10 (4): 153 –168.

［75］ LI H, LE M, GONG Z, et al. Motion profile design to reduce residual vibration of high – speed positioning stages ［J］. IEEE/ASME transactions on mechatronics, 2009, 14 (2): 264 –269.

［76］ BERNARD M, BENDTSEN J, LA COUR – HARBO A. Modeling of generic slung load system ［J］. Journal of guidance, control, and dynamics, 2009, 32 (2): 573 – 585.

［77］ ABOEL – HASSAN A, ARAFA M, NASSEF A. Design and optimization of input shapers for liquid slosh suppression ［J］. Journal of sound and vibration, 2009, 320 (1/2): 1 –15.

［78］ GANDHI P, JOSHI K, ANANTHKRISHNAN N. Design and development of a novel

2DOF actuation slosh rig [J]. Journal of dynamic systems, measurement, and control, 2009, 131 (1): 011006.

[79] ABE A. Trajectory planning for residual vibration suppression of a two – link rigid – flexible manipulator considering large deformation [J]. Mechanism and machine theory, 2009, 44 (9): 1627 – 1639.

[80] TINKIR M, ÖNEN Ü, KALYONCU M. Modelling of neurofuzzy control of a flexible link [J]. Proceedings of the Institution of Mechanical Engineers, Part I: journal of systems and control engineering, 2010, 224 (5): 529 – 543.

[81] RICHTER H. Motion control of a container with slosh: constrained sliding mode approach [J]. Journal of dynamic systems, measurement, and control, 2010, 132 (3): 031002.

[82] ERDELYI H, TALABA D. A novel method for the dynamic synthesis of cam mechanisms with an imposed driving force profile [J]. Proceedings of the Institution of Mechanical Engineers, Part C: journal of mechanical engineering science, 2010, 224 (8): 1771 – 1782.

[83] SINGHOSE W, ELOUNDOU R, LAWRENCE J. Command generation for flexible systems by input shaping and command smoothing [J]. Journal of guidance, control, and dynamics, 2010, 33 (6): 1697 – 1707.

[84] BERNARD M, KONDAK K, HOMMEL G. Load transportation system based on autonomous small size helicopters [J]. Aeronautical journal, 2010, 114: 191 – 198.

[85] BISGAARD M, LA COUR – HARBO A, BENDTSEN J. Adaptive control system for autonomous helicopter slung load operations [J]. Control engineering practice, 2010, 18 (7): 800 – 811.

[86] MANNING R, CLEMENT J, KIM D, et al. Dynamics and control of bridge cranes transporting distributed – mass payloads [J]. Journal of dynamic systems, measurement, and control, 2010, 132: 014505.

[87] VAUGHAN J, KIM D, SINGHOSE W. Control of tower cranes with double – pendulum payload dynamics [J]. IEEE transactions on control systems technology, 2010, 18 (6): 1345 – 1358.

[88] KIM D, SINGHOSE W. Performance studies of human operators driving double – pendulum bridge cranes [J]. Control engineering practice, 2010, 18 (6): 567 – 576.

［89］ LAWRENCE J, SINGHOSE W. Command shaping slewing motions for tower cranes ［J］. Journal of vibration and acoustics, 2010, 132 (1): 011002.

［90］ SOLIHIN M, LEGOWO W, LEGOWO A. Fuzzy – tuned PID anti – swing control of automatic gantry crane ［J］. Journal of vibration and control, 2010, 16 (1): 127 – 145.

［91］ BLACKBURN D, SINGHOSE W, KITCHEN J, et al. Command shaping for nonlinear crane dynamics ［J］. Journal of vibration and control, 2010, 16 (4): 477 – 501.

［92］ MALEKI E, SINGHOSE W. Dynamics and control of a small – scale boom crane ［J］. Journal of computational and nonlinear dynamics, 2011, 6 (3): 031015.

［93］ PENG Y, LI J. Exceedance probability criterion based stochastic optimal polynomial control of Duffing oscillators ［J］. International journal of non – linear mechanics, 2011, 46 (2): 457 – 469.

［94］ SIEWE M S, TCHAWOUA C, RAJASEKAR S. Parametric resonance in the Rayleigh – Duffing oscillator with time – delayed feedback ［J］. Communications in nonlinear science and numerical simulation, 2012, 17 (11): 4485 – 4493.

［95］ MALEKI E, SINGHOSE W. Swing dynamics and input – shaping control of human – operated double – pendulum boom cranes ［J］. Journal of computational and nonlinear dynamics, 2012, 7: 031006.

［96］ QIU Z. Adaptive nonlinear vibration control of a Cartesian flexible manipulator driven by a ball screw mechanism ［J］. Mechanical systems and signal processing, 2012, 30: 248 – 266.

［97］ DUONG S, UEZATO E, KINJO H, et al. A hybrid evolutionary algorithm for recurrent neural network control of a three – dimensional tower crane ［J］. Automation in construction, 2012, 23: 55 – 63.

［98］ REYHANOGLUN M, HERVAS J. Nonlinear dynamics and control of space vehicles with multiple fuel slosh modes ［J］. Control engineering practice, 2012, 20 (9): 912 – 918.

［99］ FLOCKER F. A versatile cam profile for controlling interface force in multiple – dwell cam – follower systems ［J］. Journal of mechanical design, 2012, 134 (9): 094501.

［100］ REYHANOGLU M, HERVAS J. Nonlinear modeling and control of slosh in liquid container transfer via a PPR robot ［J］. Communications in nonlinear science and numerical simulation, 2013, 18 (6): 1481 – 1490.

［101］KURODE S, SPURGEON S, BANDYOPADHYAY B, et al. Sliding mode control for slosh – free motion using a nonlinear sliding surface ［J］. IEEE/ASME transactions on mechatronics, 2013, 18 (2): 714 – 724.

［102］PRIDGEN B, BAI K, SINGHOSE W. Shaping container motion for multimode and robust slosh suppression ［J］. Journal of spacecraft and rockets, 2013, 50 (2): 440 – 448.

［103］HUANG J, MALEKI E, SINGHOSE W. Dynamics and swing control of mobile boom cranes subject to wind disturbances ［J］. IET control theory and applications, 2013, 7 (9): 1187 – 1195.

［104］LE T, DANG V, KO D, et al. Nonlinear controls of a rotating tower crane in conjunction with trolley motion ［J］. Proceedings of the Institution of Mechanical Engineers, Part I: journal of systems and control engineering, 2013, 227 (5): 451 – 460.

［105］XIE X, HUANG J, LIANG Z. Vibration reduction for flexible systems by command smoothing ［J］. Mechanical systems and signal processing, 2013, 39: 461 – 470.

［106］XIE X, HUANG J, LIANG Z. Using continuous function to generate shaped command for vibration reduction ［J］. Proceedings of the Institution of Mechanical Engineers, Part I: journal of systems and control engineering, 2013, 227 (6): 523 – 528.

［107］BOCK M, KUGI A. Real – time nonlinear model predictive path – following control of a laboratory tower crane ［J］. IEEE transactions on control systems technology, 2014, 22 (4): 1461 – 1473.

［108］MASOUD Z, ALHAZZA K, ABU – NADA E, et al. A hybrid command – shaper for double – pendulum overhead cranes ［J］. Journal of vibration and control, 2014, 20 (1): 24 – 37.

［109］RAHIMI H, NAZEMIZADEH M. Dynamic analysis and intelligent control techniques for flexible manipulators: a review ［J］. Advanced robotics, 2014, 28 (2): 63 – 76.

［110］GUGLIERI G, MARGUERETTAZ P. Dynamic stability of a helicopter with an external suspended load ［J］. Journal of the American Helicopter Society, 2014, 59 (4): 1 – 12.

［111］ZHANG Q, MILLS J K, CLEGHORN W L, et al. Dynamic model and input shaping control of a flexible link parallel manipulator considering the exact boundary conditions

[J]. Robotica, 2015, 33 (6): 1201-1230.

[112] MATUŠKO J, ILEŠ Š, KOLONIĆ F, et al. Control of 3D tower crane based on tensor product model transformation with neural friction compensation [J]. Asian journal of control, 2015, 17 (2): 443-458.

[113] ZANG Q, HUANG J. Dynamics and control of three-dimensional slosh in a moving rectangular liquid container undergoing planar excitations [J]. IEEE transactions on industrial electronics, 2015, 62 (4): 2309-2318.

[114] ELBADAWY A, SHEHATA M. Anti-sway control of marine cranes under the disturbance of a parallel manipulator [J]. Nonlinear dynamics, 2015, 82 (1/2): 415-434.

[115] HUANG J, LIANG Z, ZANG Q. Dynamics and swing control of double-pendulum bridge cranes with distributed-mass beams [J]. Mechanical systems and signal processing, 2015, 54/55: 357-366.

[116] HUANG J, XIE X, LIANG Z. Control of bridge cranes with distributed-mass payload dynamics [J]. IEEE/ASME transactions on mechatronics, 2015, 20 (1): 481-486.

[117] ADAMS C, POTTER J, SINGHOSE W. Input-shaping and model-following control of a helicopter carrying a suspended load [J]. Journal of guidance, control, and dynamics, 2015, 38 (1): 94-105.

[118] KRISHNAMURTHI J, HORN J F. Helicopter slung load control using lagged cable angle feedback [J]. Journal of the American Helicopter Society, 2015, 60 (2): 1-12.

[119] ENCIU K, ROSEN A. Nonlinear dynamical characteristics of fin-stabilized underslung loads [J]. AIAA journal, 2015, 53 (3): 723-738.

[120] IVLER C. Constrained state-space coupling numerator solution and helicopter external load control design application [J]. Journal of guidance, control, and dynamics, 2015, 38 (10): 2004-2010.

[121] ZANG Q, HUANG J, LIANG Z. Slosh suppression for infinite modes in a moving liquid container [J]. IEEE/ASME transactions on mechatronics, 2015, 20 (1): 217-225.

[122] WANG Y, LI F. Dynamical properties of Duffing-van der Pol oscillator subject to both external and parametric excitations with time delayed feedback control [J]. Journal of vibration and control, 2015, 21 (2): 371-387.

［123］ GHANDCHI – TEHRANIM, WILMSHURST L, ELLIOTT S. Bifurcation control of a Duffing oscillator using pole placement ［J］. Journal of vibration and control, 2015, 21 （14）: 2838 – 2851.

［124］ KIANG C T, SPOWAGE A, YOONG C K. Review of control and sensor system of flexible manipulator ［J］. Journal of intelligent & robotic systems, 2015, 77 （1）: 187 – 213.

［125］ KIM S M. Lumped element modeling of a flexible manipulator system ［J］. IEEE/ASME transactions on mechatronics, 2015, 20 （2）: 967 – 974.

［126］ WALSH A, FORBES J R. Modeling and control of flexible telescoping manipulators ［J］. IEEE transactions on robotics, 2015, 31 （4）: 936 – 947.

［127］ ALIPOUR K, ZARAFSHAN P, EBRAHIMI A. Dynamics modeling and attitude control of a flexible space system with active stabilizers ［J］. Nonlinear dynamics, 2016, 84 （4）: 2535 – 2545.

［128］ MOHAMED Z, KHAIRUDIN M, HUSAIN A R, et al. Linear matrix inequality – based robust proportional derivative control of a two – link flexible manipulator ［J］. Journal of vibration and control, 2016, 22 （5）: 1244 – 1256.

［129］ SAYAHKARAJY M, MOHAMED Z, FAUDZI A. Review of modelling and control of flexible – link manipulators ［J］. Proceedings of the Institution of Mechanical Engineers, Part I: journal of systems and control engineering, 2016, 230 （8）: 861 – 873.

［130］ KHADRA F. Super – twisting control of the Duffing – Holmes chaotic system ［J］. International journal of modern nonlinear theory and application, 2016, 5 （4）: 160 – 170.

［131］ CAO Y, WANG Z. Equilibrium characteristics and stability analysis of helicopter slung – load system ［J］. Proceedings of the Institution of Mechanical Engineers, Part G: journal of aerospace engineering, 2016, 231 （6）: 1056 – 1064.

［132］ WU T, KARKOUB M, YU W, et al. Anti – sway tracking control of tower cranes with delayed uncertainty using a robust adaptive fuzzy control ［J］. Fuzzy sets and systems, 2016, 290 （1）: 118 – 137.

［133］ TANG R, HUANG J. Control of bridge cranes with distributed – mass payloads under windy conditions ［J］. Mechanical systems and signal processing, 2016, 72/73: 409 – 419.

［134］ SUN N, FANG Y, CHEN H, et al. Slew/translation positioning and swing suppression for 4 – DOF tower cranes with parametric uncertainties：design and hardware experimentation ［J］. IEEE transactions on industrial electronics, 2016, 63 (10)：6407 –6418.

［135］ CARMONA I, COLLADO J. Control of a two wired hammerhead tower crane ［J］. Nonlinear dynamics, 2016, 84 (4)：2137 –2148.

［136］ TUBAILEH A. Working time optimal planning of construction site served by a single tower crane ［J］. Journal of mechanical science and technology, 2016, 30 (6)：2793 –2804.

［137］ CHEN B, HUANG J. Decreasing infinite – mode vibrations in single – link flexible manipulators by a continuous function ［J］. Proceedings of the Institution of Mechanical Engineers, Part I：journal of systems and control engineering, 2017, 23 (6)：436 –446.

［138］ LE A, LEE S. 3D cooperative control of tower cranes using robust adaptive techniques ［J］. Journal of the Franklin Institute, 2017, 354 (18)：8333 –8357.

［139］ RAMLI L, MOHAMED Z, ABDULLAHI A, et al. Control strategies for crane systems：A comprehensive review ［J］. Mechanical systems and signal processing, 2017, 95：1 –23.

［140］ EL – FERIK S, SYED A H, OMAR H M, et al. Nonlinear forward path tracking controller for helicopter with slung load ［J］. Aerospace science and technology, 2017, 69：602 –608.

［141］ HUANG J, ZHAO X. Control of three – dimensional nonlinear slosh in moving rectangular containers ［J］. The transactions of the ASME – journal of dynamic systems, measurement, and control, 2018, 140 (8)：081016 –8.

［142］ ILEŠ Š, MATUŠKO J, KOLONIĆ F. Sequential distributed predictive control of a 3D tower crane ［J］. Control engineering practice, 2018, 79：22 –35.

［143］ WILBANKS J, ADAMS C, LEAMY M. Two – scale command shaping for feedforward control of nonlinear systems ［J］. Nonlinear dynamics, 2018, 92 (3)：885 –903.

［144］ PENG J, HUANG J, SINGHOSE W. Payload twisting dynamics and oscillation suppression of tower cranes during slewing motions ［J］. Nonlinear dynamics, 2019, 98 (2)：1041 –1048.

［145］ ZHAO X, HUANG J. Distributed – mass payload dynamics and control of dual cranes undergoing planar motions [J]. Mechanical systems and signal processing, 2019, 126: 636 - 648.

[146] JAAFAR H, MOHAMED Z, SHAMSUDIN M, et al. Model reference command shaping for vibration control of multimode flexible systems with application to a double - pendulum overhead crane [J]. Mechanical systems and signal processing, 2019, 115: 677 - 695.

[147] OUYANG H, DENG X, XI H, et al. Novel robust controller design for load sway reduction in double - pendulum overhead cranes [J]. Proceedings of the Institution of Mechanical Engineers, Part C: journal of mechanical engineering science, 2019, 233 (12): 4359 - 4371.

[148] CHEN B, HUANG J, JI J C. Control of flexible single - link manipulators having Duffing oscillator dynamics [J]. Mechanical systems and signal processing, 2019, 121: 44 - 57.

[149] BIAGIOTTI L, MELCHIORRI C, MORIELLO L. Damped harmonic smoother for trajectory planning and vibration suppression [J]. IEEE transactions on control systems technology, 2020, 28 (2): 626 - 634.

附录 A

Kane 方法动力学建模

Kane 方法常用来建立复杂的多体系统的动力学模型。与拉格朗日方法建立动力学模型比较，Kane 方法可以简化建模过程，缩短建模时间；合理选择广义速度，可以得到更加简洁的动力学方程组。总的来说，简洁高效是 Kane 方法的优点。

1. 选择广义坐标与广义速度

将待进行动力学建模的多自由度系统选择广义坐标 $q_1, q_2, \cdots, q_n$ 和对应的广义速度 $u_1, u_2, \cdots, u_n$。其中，n 为去除约束后的独立输出量的数目；广义坐标选择为对应的输出量；广义速度选择为对应的输出量对时间的导数。

2. 质点和刚体的速度和角速度

多体系统包括质点和刚体。某些被忽略体积的质点 P_k，在牛顿坐标系（N 系）中速度为 ${}^{\mathrm{N}}v^{P_k}$，用广义速度 u_i 可表示为

$$
{}^{\mathrm{N}}v^{P_k} = \sum_{i=1}^{n} {}^{\mathrm{N}}v_i^{P_k} u_i + {}^{\mathrm{N}}v_{\mathrm{t}}^{P_k} \tag{A.1}
$$

式中，${}^{\mathrm{N}}v^{P_k}$——质点 P_k 在牛顿坐标系中的速度；

${}^{\mathrm{N}}v_i^{P_k}$——第 i 个广义速度 u_i 的系数，也是质点 P_k 的第 i 个偏速度；

${}^{\mathrm{N}}v_{\mathrm{t}}^{P_k}$——广义坐标的另一个系数。

某个刚体 B_k 的质心 B_K^* 相对于 N 系的速度 ${}^{\mathrm{N}}v^{B_k^*}$ 和角速度 ${}^{\mathrm{N}}\omega^{B_k}$ 可以用广义速度表示为

$$
{}^{\mathrm{N}}v^{B_k^*} = \sum_{i=1}^{n} {}^{\mathrm{N}}v_i^{B_k^*} u_i + {}^{\mathrm{N}}v_{\mathrm{t}}^{B_k^*} \tag{A.2}
$$

$$
{}^{\mathrm{N}}\omega^{B_k} = \sum_{i=1}^{n} {}^{\mathrm{N}}\omega_i^{B_k} u_i + {}^{\mathrm{N}}\omega_{\mathrm{t}}^{B_k} \tag{A.3}
$$

式中，${}^{\mathrm{N}}v_i^{B_k^*}$——刚体 B_k 的质点 B_K^* 的第 i 个偏速度；

${}^{\mathrm{N}}\omega_i^{B_k}$——刚体 B_k 的第 i 个偏角速度。

3. 质点和刚体的加速度和角加速度

由式（A.1）~ 式（A.3）可以得到质点加速度 $^{\mathrm{N}}a^{P_k}$、刚体的加速度 $^{\mathrm{N}}a^{B_k^*}$ 和角加速度 $^{\mathrm{N}}\alpha^{B_k}$，分别为

$$^{\mathrm{N}}a^{P_k} = \frac{^{\mathrm{N}}\mathrm{d}^{\mathrm{N}}v^{P_k}}{\mathrm{d}t} = \frac{^{B_k}\mathrm{d}^{\mathrm{N}}v^{P_k}}{\mathrm{d}t} + {}^{\mathrm{N}}\omega^{B_k} \times {}^{\mathrm{N}}v^{P_k} \tag{A.4}$$

$$^{\mathrm{N}}a^{B_k^*} = \frac{^{\mathrm{N}}\mathrm{d}^{\mathrm{N}}v^{B_k^*}}{\mathrm{d}t} = \frac{^{B_k}\mathrm{d}^{\mathrm{N}}v^{B_k^*}}{\mathrm{d}t} + {}^{\mathrm{N}}\omega^{B_k} \times {}^{\mathrm{N}}v^{B_k^*} \tag{A.5}$$

$$^{\mathrm{N}}\alpha^{B_k} = \frac{^{\mathrm{N}}\mathrm{d}^{\mathrm{N}}\omega^{B_k}}{\mathrm{d}t} = \frac{^{B_k}\mathrm{d}^{\mathrm{N}}\omega^{B_k}}{\mathrm{d}t} \tag{A.6}$$

4. 对广义速度的偏速度和偏角速度

各质点 P_k 相对于 N 系的速度 $^{\mathrm{N}}v^{P_k}$ 对各个广义速度的偏速度为 $^{\mathrm{N}}v_i^{P_k}$。

各刚体 B_k 质心 B_K^* 相对于 N 系的速度 $^{\mathrm{N}}v^{B_k^*}$ 对各个广义速度的偏速度为 $^{\mathrm{N}}v_i^{B_k^*}$。

各刚体 B_k 相对于 N 系的角速度 $^{\mathrm{N}}\omega^{B_k}$ 对各个广义速度的偏速度为 $^{\mathrm{N}}\omega_i^{B_k}$。

5. 对各个广义速度的广义惯性力

$$F_i^* = -\sum_{j=1}^{N_\mathrm{R}} \left[m_j \cdot {}^{\mathrm{N}}a^{B_j^*} \cdot {}^{\mathrm{N}}v_i^{B_j^*} + \left(I^{B_j/B_j^*} \cdot {}^{\mathrm{N}}\alpha^{B_j} + {}^{\mathrm{N}}\omega^{B_j} \times I^{B_j/B_j^*} \cdot {}^{\mathrm{N}}\omega^{B_j} \right) \cdot {}^{\mathrm{N}}\omega_j^{B_j} \right] -$$

$$\sum_{j=1}^{N_\mathrm{P}} \left(m_j \cdot {}^{\mathrm{N}}a^{P_j} \cdot {}^{\mathrm{N}}v_i^{P_j} \right) \tag{A.7}$$

式中，N_R——刚体数目；

　　　N_P——质点数目；

　　　m_j——质心或刚体的质量；

　　　I^{B_j/B_j^*}——刚体 B_k 相对质心 B_K^* 的惯量。

6. 对各个广义速度的广义主动力

$$F_i = \sum_{j=1}^{N_\mathrm{R}} \left(F^{B_j^*} \cdot {}^{\mathrm{N}}v_i^{B_j^*} + T^{B_j} \cdot {}^{\mathrm{N}}\omega_j^{B_j} \right) + \sum_{j=1}^{N_\mathrm{P}} \left(F^{P_j} \cdot {}^{\mathrm{N}}v_i^{P_j} \right) \tag{A.8}$$

式中，$F^{B_j^*}$——作用在刚体质心 B_K^* 上的力；

　　　T^{B_j}——作用在刚体质心 B_K^* 上的力矩；

　　　F^{P_j}——作用在质点 P_k 上的力。

7. KANE 方程

由 KANE 方法知，对某个广义速度，它的广义惯性力与其广义主动力的和为零。

$$F_i + F_i^* = 0 \tag{A.9}$$

例题： 平面起重机动力学建模。

假设：

（1）小车平面运动。

（2）由于小车有较大阻尼，负载运动对小车无影响。

（3）零阻尼。

（4）绳长质量为零。

（5）绳长不变。

物理模型如图 A.1 所示，输入为小车加速度 $\ddot{y}$，输出为摆动角 θ。

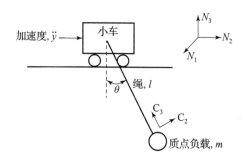

图 A.1　物理模型

由于负载对小车运动无影响，因此选取广义坐标为

$$q = \theta$$

广义速度为

$$u = \dot{\theta}$$

负载速度用广义速度表示为

$$v = (\dot{y} + ul \cdot \cos q) \cdot N_2 - ul \cdot \sin q \cdot N_3$$

式中，y——小车位移。

负载加速度为

$$a = (\ddot{y} + \dot{u}l\cos q - u^2 l\sin q) \cdot N_2 + (-\dot{u}l\sin q - u^2 l\cos q) \cdot N_3$$

负载速度 v 对广义速度 u 的偏速度为

$$v_1 = l\cos q \cdot N_2 - l\sin q \cdot N_3$$

对广义速度的广义主动力为

$$F = mg \cdot N_3 \cdot v_1 = -mgl\sin q$$

对广义速度的广义惯性力为

$$-F^* = ma \cdot v_1 = ml(\ddot{y} \cdot \cos q + \dot{u}l)$$

由 Kane 方法知，广义主动力和广义惯性力的和为零，即

$$0 = F + F^* = -mgl\sin q - ml(\ddot{y} \cdot \cos q + \dot{u}l)$$

动力学方程为

$$l\ddot{\theta} + g\sin\theta + \ddot{y}\cos\theta = 0$$

写成状态方程的形式：

$$\begin{cases} \dot{x}_1 = x_2 \\ \dot{x}_2 = -\dfrac{g}{l}\sin x_1 - \dfrac{\cos x_1}{l} \cdot \ddot{y} \end{cases}$$

式中，$x_1 = \theta$；$x_2 = \dot{\theta}$。

附录 B

哈密顿原理动力学建模

哈密顿原理常用来建立连续质量分布和连续刚度分布系统的动力学模型。哈密顿原理是以变分为基础的建模方法。假设系统的动能为 T、势能为 V，非保守力的虚元功为 δw 时，则哈密顿原理可以表示为

$$\int_{t_1}^{t_2} \left[\delta(T - V) + \delta w \right] \mathrm{d}t = 0 \tag{B.1}$$

例题： 使用哈密顿原理对图 4.1 所示的单连杆柔性机械臂进行动力学建模。

柔性机械臂的动能 T：

$$T = \frac{1}{2} \int_0^{l_\mathrm{b}} \left(\frac{\partial w}{\partial t} + x\dot{\theta} \right)^2 \rho \mathrm{d}x$$

式中，$w(x, t)$——杆长 x 处变形的挠度；

θ——电动机输入的角度。

考察系统的势能 V：

$$V = \frac{1}{2} \int_0^{l_\mathrm{b}} \frac{M^2(x)}{EI} \mathrm{d}x$$

式中，$M(x)$ ——梁上对应 x 处的弯矩，且有

$$M(x) = EI \frac{\dfrac{\partial^2 w}{\partial x^2}}{\left[1 + \left(\dfrac{\partial w}{\partial x} \right)^2 \right]^{\frac{3}{2}}}$$

近似为

$$M(x) = EI \frac{\partial^2 w}{\partial x^2} \left[1 - \frac{3}{2} \left(\frac{\partial w}{\partial x} \right)^2 \right]$$

再由哈密顿原理得

$$\int_{t_1}^{t_2} \delta L \mathrm{d}t = 0$$

式中，拉格朗日函数 $L = T - V$；t_1，t_2 为两个瞬时；求解条件为 $\delta w \mid_{t_1} = \delta w \mid_{t_2} = 0$。

代入式（B.1），可得

$$\delta \int_{t_1}^{t_2} (T - V)\,\mathrm{d}t = \int_{t_1}^{t_2} \left\{ \frac{1}{2} \int_0^{l_b} \left(\frac{\partial w}{\partial t} + x\dot{\theta} \right)^2 \rho\,\mathrm{d}x - \right.$$

$$\left. \frac{1}{2} EI \int_0^{l_b} \left(\frac{\partial^2 w}{\partial x^2} \right)^2 \left[1 - \frac{3}{2} \left(\frac{\partial w}{\partial x} \right)^2 \right]^2 \mathrm{d}x \right\} \mathrm{d}t = 0 \tag{B.2}$$

式中，

$$\rho \int_0^{l_b} \int_{t_1}^{t_2} \left[\left(\frac{\partial w}{\partial t} + x\dot{\theta} \right) \delta \left(\frac{\partial w}{\partial t} + x\dot{\theta} \right) \right] \mathrm{d}t\mathrm{d}x = -\rho \int_0^{l_b} \int_{t_1}^{t_2} \left[\left(\frac{\partial^2 w}{\partial t^2} + x\ddot{\theta} \right) \right] \delta w\,\mathrm{d}t\mathrm{d}x \tag{B.3}$$

$$-\frac{1}{2} EI\delta \int_0^{l_b} \int_{t_1}^{t_2} \left\{ \left(\frac{\partial^2 w}{\partial x^2} \right)^2 \left[1 - \frac{3}{2} \left(\frac{\partial w}{\partial x} \right)^2 \right]^2 \right\} \mathrm{d}x\mathrm{d}t$$

$$= -EI \int_{t_1}^{t_2} \int_0^{l_b} \left\{ \left[\frac{\partial^2 w}{\partial x^2} - \frac{3}{2} \frac{\partial^2 w}{\partial x^2} \left(\frac{\partial w}{\partial x} \right)^2 \right] \delta \left(\frac{\partial^2 w}{\partial x^2} \right) - \right.$$

$$\left. \left[\frac{\partial^2 w}{\partial x^2} - \frac{3}{2} \frac{\partial^2 w}{\partial x^2} \left(\frac{\partial w}{\partial x} \right)^2 \right] \delta \left[\frac{3}{2} \frac{\partial^2 w}{\partial x^2} \left(\frac{\partial w}{\partial x} \right)^2 \right] \right\} \mathrm{d}x\mathrm{d}t \tag{B.4}$$

$$-EI \int_{t_1}^{t_2} \int_0^{l_b} \left\{ \left[\frac{\partial^2 w}{\partial x^2} - \frac{3}{2} \frac{\partial^2 w}{\partial x^2} \left(\frac{\partial w}{\partial x} \right)^2 \right] \frac{\partial \left(\delta \left(\frac{\partial w}{\partial x} \right) \right)}{\partial x} \right\} \mathrm{d}x\mathrm{d}t$$

$$= -EI \int_{t_1}^{t_2} \int_0^{l_b} \left\{ \frac{\partial^4 w}{\partial x^4} - \frac{3}{2} \frac{\partial^2 \left[\frac{\partial^2 w}{\partial x^2} \left(\frac{\partial w}{\partial x} \right)^2 \right]}{\partial x^2} \right\} \delta w\,\mathrm{d}x\mathrm{d}t \tag{B.5}$$

$$EI \int_{t_1}^{t_2} \int_0^{l_b} \left\{ \left[\frac{\partial^2 w}{\partial x^2} - \frac{3}{2} \frac{\partial^2 w}{\partial x^2} \left(\frac{\partial w}{\partial x} \right)^2 \right] \delta \left[\frac{3}{2} \frac{\partial^2 w}{\partial x^2} \left(\frac{\partial w}{\partial x} \right)^2 \right] \right\} \mathrm{d}x\mathrm{d}t$$

$$= \frac{3}{2} EI \int_{t_1}^{t_2} \int_0^{l_b} \left\{ \left[\frac{\partial^2 w}{\partial x^2} - \frac{3}{2} \frac{\partial^2 w}{\partial x^2} \left(\frac{\partial w}{\partial x} \right)^2 \right] \left(\frac{\partial w}{\partial x} \right)^2 \delta \left(\frac{\partial^2 w}{\partial x^2} \right) + \right.$$

$$\left. \left[\frac{\partial^2 w}{\partial x^2} - \frac{3}{2} \frac{\partial^2 w}{\partial x^2} \left(\frac{\partial w}{\partial x} \right)^2 \right] \frac{\partial^2 w}{\partial x^2} \cdot 2 \cdot \frac{\partial w}{\partial x} \delta \left(\frac{\partial w}{\partial x} \right) \right\} \mathrm{d}x\mathrm{d}t \tag{B.6}$$

$$\frac{3}{2} EI \int_{t_1}^{t_2} \int_0^{l_b} \left[\frac{\partial^2 w}{\partial x^2} - \frac{3}{2} \frac{\partial^2 w}{\partial x^2} \left(\frac{\partial w}{\partial x} \right)^2 \right] \left(\frac{\partial w}{\partial x} \right)^2 \frac{\partial \left(\delta \left(\frac{\partial w}{\partial x} \right) \right)}{\partial x} \mathrm{d}x\mathrm{d}t$$

$$= \frac{3}{2} EI \int_{t_1}^{t_2} \int_0^{l_b} \frac{\partial^2 \left\{ \left[\frac{\partial^2 w}{\partial x^2} - \frac{3}{2} \frac{\partial^2 w}{\partial x^2} \left(\frac{\partial w}{\partial x} \right)^2 \right] \left(\frac{\partial w}{\partial x} \right)^2 \right\}}{\partial x^2} \delta w\,\mathrm{d}x\mathrm{d}t \tag{B.7}$$

$$\frac{3}{2}EI\int_{t_1}^{t_2}\int_0^{l_b}\left\{\left[\frac{\partial^2 w}{\partial x^2}-\frac{3}{2}\frac{\partial^2 w}{\partial x^2}\left(\frac{\partial w}{\partial x}\right)^2\right]\frac{\partial^2 w}{\partial x^2}\cdot 2\cdot\frac{\partial w}{\partial x}\delta\left(\frac{\partial w}{\partial x}\right)\right\}\mathrm{d}x\mathrm{d}t$$

$$=-3EI\int_{t_1}^{t_2}\int_0^{l_b}\frac{\partial\left\{\left[\frac{\partial^2 w}{\partial x^2}-\frac{3}{2}\frac{\partial^2 w}{\partial x^2}\left(\frac{\partial w}{\partial x}\right)^2\right]\frac{\partial^2 w}{\partial x^2}\frac{\partial w}{\partial x}\right\}}{\partial x}\delta w\mathrm{d}x\mathrm{d}t \qquad (\text{B.8})$$

合并所有的项，可以得

$$\int_{t_1}^{t_2}\int_0^{l_b}\left\{-\rho\left(\frac{\partial^2 w}{\partial t^2}+x\ddot{\theta}\right)-EI\frac{\partial^4 w}{\partial x^4}+\frac{3}{2}EI\frac{\partial^2\left[\frac{\partial^2 w}{\partial x^2}\left(\frac{\partial w}{\partial x}\right)^2\right]}{\partial x^2}+\right.$$

$$\left.\frac{3}{2}EI\frac{\partial^2\left\{\left[\frac{\partial^2 w}{\partial x^2}-\frac{3}{2}\frac{\partial^2 w}{\partial x^2}\left(\frac{\partial w}{\partial x}\right)^2\right]\left(\frac{\partial w}{\partial x}\right)^2\right\}}{\partial x^2}-3EI\frac{\partial\left\{\left[\frac{\partial^2 w}{\partial x^2}-\frac{3}{2}\frac{\partial^2 w}{\partial x^2}\left(\frac{\partial w}{\partial x}\right)^2\right]\frac{\partial^2 w}{\partial x^2}\frac{\partial w}{\partial x}\right\}}{\partial x}\right\}\delta w\mathrm{d}x\mathrm{d}t$$

由变分取极值的条件，可得动力学方程：

$$-\rho\left(\frac{\partial^2 w}{\partial t^2}+x\ddot{\theta}\right)-EI\frac{\partial^4 w}{\partial x^4}+\frac{3}{2}EI\frac{\partial^2\left[\frac{\partial^2 w}{\partial x^2}\left(\frac{\partial w}{\partial x}\right)^2\right]}{\partial x^2}+\frac{3}{2}EI\frac{\partial^2\left\{\left[\frac{\partial^2 w}{\partial x^2}-\frac{3}{2}\frac{\partial^2 w}{\partial x^2}\left(\frac{\partial w}{\partial x}\right)^2\right]\left(\frac{\partial w}{\partial x}\right)^2\right\}}{\partial x^2}-$$

$$3EI\frac{\partial\left\{\left[\frac{\partial^2 w}{\partial x^2}-\frac{3}{2}\frac{\partial^2 w}{\partial x^2}\left(\frac{\partial w}{\partial x}\right)^2\right]\frac{\partial^2 w}{\partial x^2}\frac{\partial w}{\partial x}\right\}}{\partial x}=0 \qquad (\text{B.9})$$

使用哈密顿原理对柔性机械臂动力学建模的结果（式（B.9）），与第 4 章使用牛顿法建模的结果稍微有所不同，这是因为使用牛顿法在建模过程中忽略 $\mathrm{d}x$ 的高阶项。

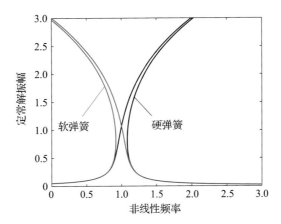

图 2.3 稳态主共振的幅频响应曲线

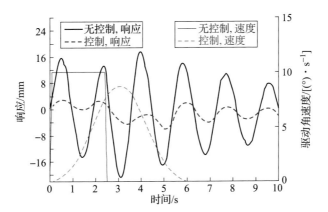

图 4.11 频率模型在小误差情况下的实验响应

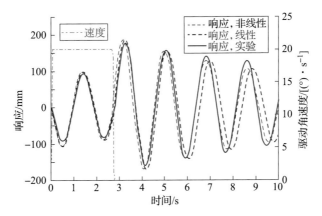

图 4.14 驱动角位移为 54°时的仿真和实验响应

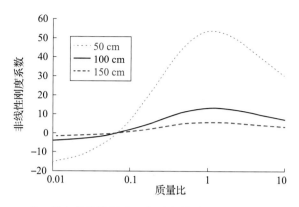

图 4.15　第 1 模态非线性刚度系数随负载质量比和连杆长度的变化

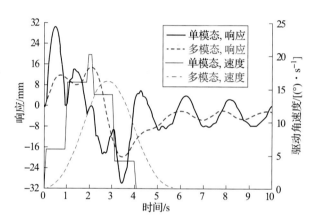

图 4.18　驱动角位移为 42° 时的实验响应

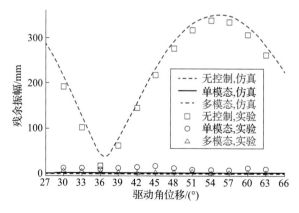

图 4.19　驱动角位移对残余振幅的影响

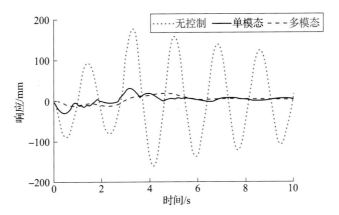

图 4.20   频率设计在小误差情况下的实验响应

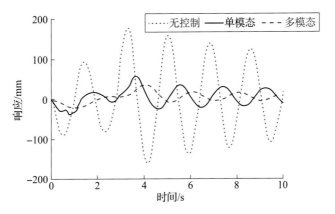

图 4.21   频率设计在负误差情况下的实验响应

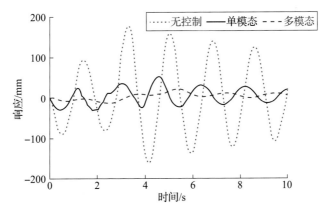

图 4.22   频率设计在正误差情况下的实验响应

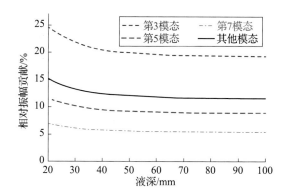

图 5.2　高模态相对振幅贡献的变化情况

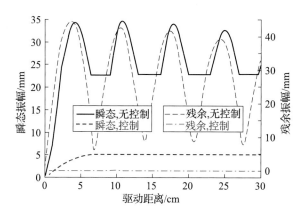

图 5.3　驱动距离对瞬态振幅和残余振幅的影响

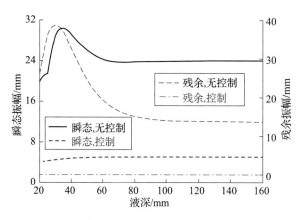

图 5.4　液深对瞬态振幅和残余振幅的影响

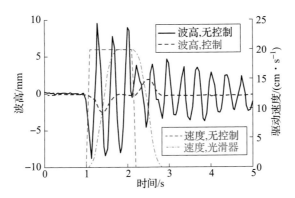

图 5.6　液体晃动实验响应

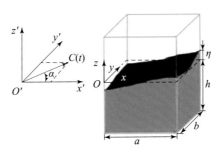

图 5.11　矩形容器三维晃动的物理模型

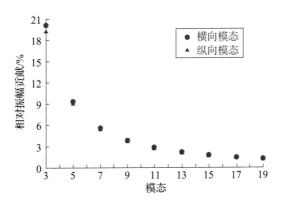

图 5.12　各模态的相对振幅贡献

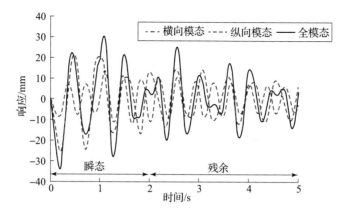

图 5.13　两个方向上的晃动响应

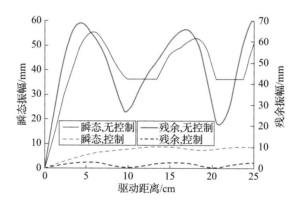

图 5.14　驱动距离变化时的瞬态振幅和残余振幅

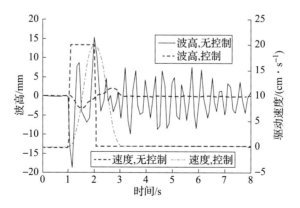

图 5.18　液体晃动实验响应

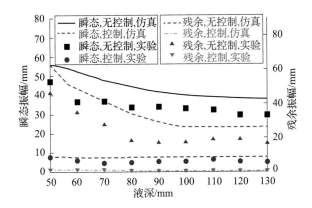

图 5.19　液深变化时的瞬态振幅和残余振幅

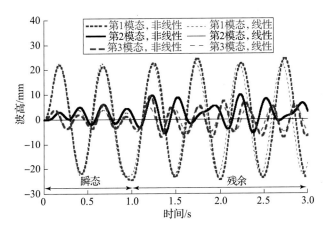

图 5.21　液体二维线性模型与非线性模型晃动的前 3 个模态响应

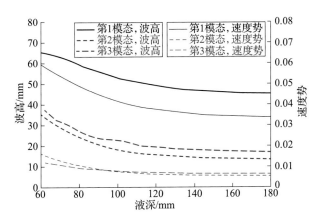

图 5.22　非线性晃动模型的波高和速度势

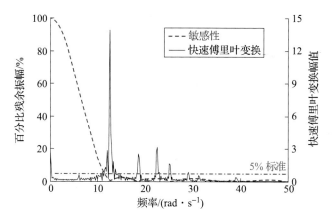

图 5.23 频率敏感曲线和快速傅里叶变换幅值

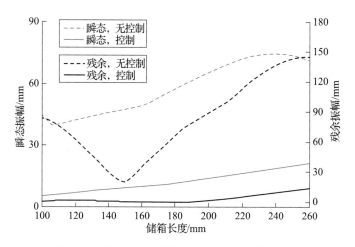

图 5.26 储箱长度变化时的瞬态振幅与残余振幅

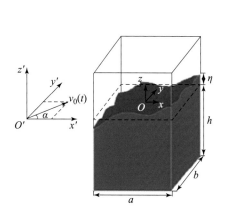

图 5.30 三维非线性晃动模型

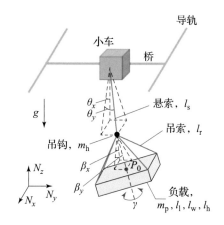

图 6.1 带有分布质量负载的桥式起重机

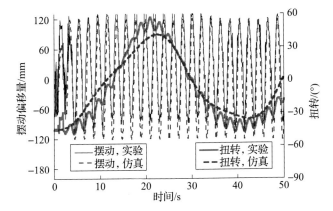

图 6.2　梯形速度驱动下的仿真结果和实验结果

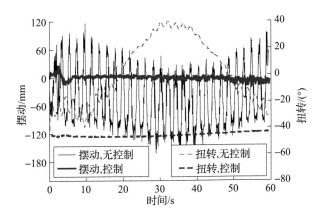

图 6.8　两种驱动指令作用下的响应

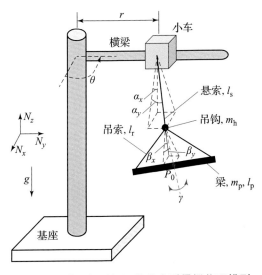

图 6.12　塔式起重机运载分布质量梁物理模型

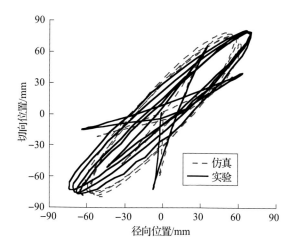

图 6.13　负载质心摆动实验验证

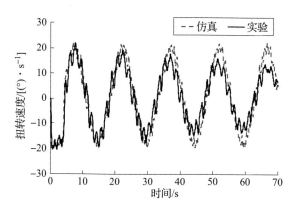

图 6.14　负载扭转实验验证

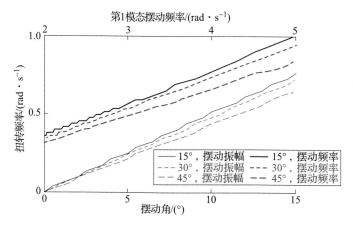

图 6.15　负载扭转频率随摆动振幅和摆动频率的变化

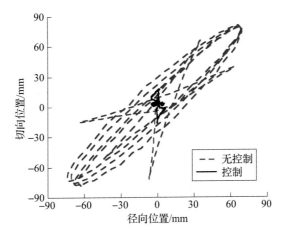

图 6.17　负载质心摆动实验响应

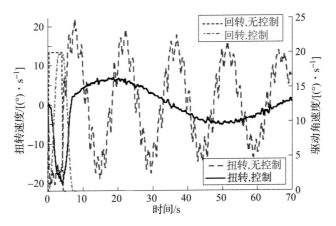

图 6.18　负载扭转的实验响应

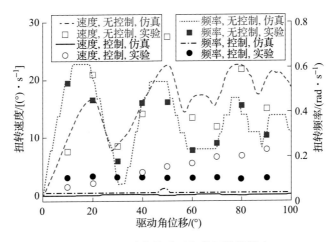

图 6.20　驱动角位移对负载扭转的影响

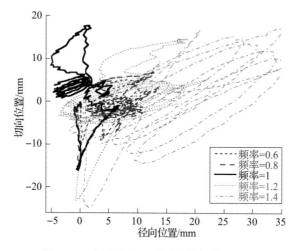

图 6.21 频率模型误差对负载摆动的影响

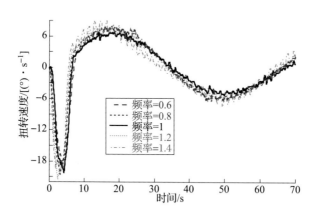

图 6.22 频率模型误差对负载扭转的影响

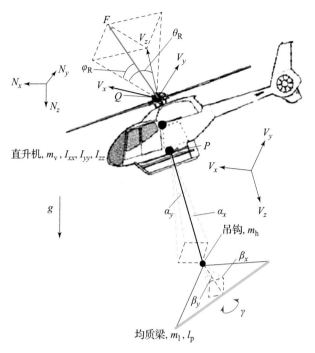

直升机, m_v, I_{xx}, I_{yy}, I_{zz}

吊钩, m_h

均质梁, m_1, l_p

图 6.23　物理模型

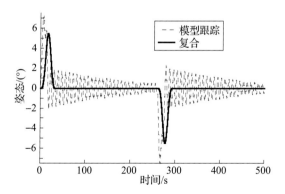

图 6.25　直升机姿态的仿真响应

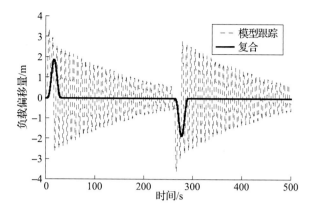

图 6.26　负载振荡偏移量的仿真响应

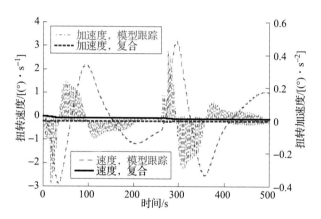

图 6.27　负载扭转速度和加速度的仿真响应

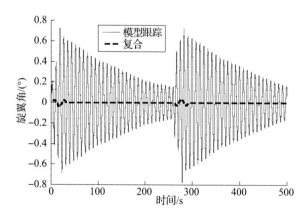

图 6.28　旋翼角的仿真响应